Necibe Füsun Oyman Serteller

Harmoniklerin Tanımı ve Elektrik Motorlarında Harmonikler

Necibe Füsun Oyman Serteller

Harmoniklerin Tanımı ve Elektrik Motorlarında Harmonikler

Türkiye Alim Kitapları

Impressum / Yayınevi adı
Bibliografische Information der Deutschen Nationalbibliothek: Die Deutsche Nationalbibliothek verzeichnet diese Publikation in der Deutschen Nationalbibliografie; detaillierte bibliografische Daten sind im Internet über http://dnb.d-nb.de abrufbar.

Deutsche Nationalbibliothek tarafından yayınlanan bibliyografik bilgiler: Deutsche Nationalbibliothek, bu yayını Deutsche Nationalbibliografie'de listeler; detaylı bibliyografik bilgi İnternet'te http://dnb.d-nb.de sitesinde mevcuttur.

Coverbild / Kitap kapağı resmi: www.ingimage.com

Verlag / Yayıncı:
Türkiye Alim Kitapları
ist ein Imprint der / yayınevinin bir ticari markasıdır
OmniScriptum GmbH & Co. KG
Heinrich-Böcking-Str. 6-8, 66121 Saarbrücken, Deutschland / Almanya
Email / E-posta: info@turkiye-alim-kitaplary.com

Herstellung: siehe letzte Seite /
Basım yeri: son sayfaya bakın
ISBN: 978-3-639-67134-6

Zugl. / Approved by: İstanbul, 2000

TEŞEKKÜR

Bu çalışmanın her aşamasında değerli fikirlerini benimle paylaşan ve beni aydınlatıp yönlendiren, sayın tez hocam İ.T.Ü. Elk Müh. Böl. Öğretim Üyesi Prof. Dr. A. Faik MERGEN'e, yardımlarını benden esirgemeyen sayın hocam MÜTEF Dekanı Prof. Dr. İrfan GÜNEY'e, TEE. SUTEM Ürün Geliştirme Md. Elek. Yük. Müh. Raif ALTINSU'ya, TEE TOPKAPI ARGE Elek.Yük. Müh. Harun AÇIKGÖZ'e, bana yardımcı olan meslektaşlarıma ve TEE çalışanlarına, tez çalışmamın her aşamasında bana destek olan eşime ve kızıma, manevi desteğini ve dualarını hiçbir zaman esirgemeyen annem, babam ve kardeşlerime teşekkür ederim.

KASIM, 2000 - İSTANBUL N.Füsun SERTELLER

İÇİNDEKİLER

SEMBOLLER VE KISALTMALAR

q	: Faz ve kutup başına oluk sayısı
N_1	: Statorun bir faz sargısının toplam sarım sayısı
N_2	: Rotorun bir faz sargısının toplam sarım sayısı
Z_1	:Stator oluğundaki toplam iletken sayısı
Z_2	: Rotor oluğundaki toplam iletken sayısı
Q_1	: Statorun oluk sayısı
Q_2	: Rotorun oluk sayısı
Φ	: Magnetik akı
m_1	: Stator faz sayısı
m_2	: Rotor faz sayısı
N_1	: Stator oluk sayısı
N_2	: Rotor oluk sayısı
g	: Gerçek hava aralığı
g_e	: Etkin hava aralığı
B	: Magnetik indüksiyon
E_1	: Stator sargısında endüklenen gerilim
E_2, E_{2s}	: Rotor sargısında yükte çalışmada endüklenen gerilim
E_{20}	:Rotor boşta gerilimi
R_{2bar}	:Rotor bar direnci
R'_{2kafes}	: Rotor barına indirgenmiş kafes direnci
X_{2bar}	: Rotor kafes reaktansı
X'_{2kafes}	: Rotor barına indirgenmiş kafes reaktansı
J	: Akım yoğunluğu
y	: Oluğun sonundan itibaren ölçülmek istenen akım yoğunluğunun yüksekliği
D_s	: Statorun iç çapı
D_r	: Rotorun çapı
p	: Çift kutup sayısı
Z_r'	: Rotor empedansı
Z_{re}	: Rotor eşdeğer empedansı
$Z_{r\nu}'$	: ν. Harmoniğin rotor empedansı

Z_s	: Stator empedansı
Z_{se}	: Stator eşdeğer empedansı
Z_{sev}	: ν. Harmoniğin mıknatıslanma empedansı
Z_m	: Mıknatıslanma empedansı
Z_m	: ν. Harmoniğin mıknatıslanma empedansı
I_μ	: Mıknatıslanma akımı
X_m	: Temel bileşenin mıknatıslanma reaktansı
X_{mv}	: ν. harmoniğin mıknatıslanma akımı
X_1	: Stator reaktansı
X_{1v}	: ν. harmoniğin stator reaktansı
$L_{r,s}$	: Bir faz sargısına ait endüktans
L_{oluk}	: Oluk kaçak endüktansı
X_2	: Rotor kaçak reaktansı
X_{2v}	: ν. harmoniğin rotor reaktansı
M_{ki}	: Döndürme Momenti
M_k,M	: Motorun milindeki faydalı moment
M_{ko}	: Boşta frenleme momenti
M_v	: ν. harmoniğin momenti
M_d	: Devrilme momenti
s_d	: Devrilme kayması
s	: Temel bileşenin kayma değeri
s_v	: ν. harmoniğin kayma değeri
n_{sv}	: Senkron hızının ν. harmoniğinin değeri
n_{rv}	: Rotor hızının ν. harmoniğinin değeri
h	: Oluk yüksekliği
b	: Oluk genişliği
b_x	: Oluk yüksekliği boyunca herhangi bir x mesafesindeki oluk genişliği
Z_x	: Oluk dibi ile x mesafesi arasındaki iletken sayısı
λ	: Oluk permeans değeri
μ_0	:Boşluğun magnetik geçirgenliği
α	: Eğriliğin elektriki açısı
x	: Uzaklık
X_z	: Zigzag reaktansı
$X_{cephe\ reakt}$	: Cephe reaktansı

X_B : Faz bandı kaçak reaktansı

$X_{eğ}$: Eğrilik kaçak reaktansı

X_p : Yüzeysel kaçak reaktans

I_1 : Stator faz akımı

I_2 : Rotor faz akımı

I_h : Hat akımı

$I_{1\nu}$: ν. harmoniğin stator akımı

$I_{2\nu}$: ν. harmoniğin rotor akımı

X_2' : Statora indirgenmiş rotor reaktansı

R_2' : Statora indirgenmiş rotor direnci

$Ü_r$: Direnç değiştirme oranı

$Ü_a$: Akım değiştirme oranı

$Ü_g$: Gerilim değiştirme oranı

V_{1eff} :1. harmoniğin gerilimin effektif değeri

V_ν : ν. harmoniğin geriliminin effektif degeri

ω : Açısal hız

η : Verim

P_{cut} : Toplam bakır kayıpları

$P_{cu\nu}$: ν. harmoniğin bakır kayıpları

ε : Eşdeğer iletken sayısı

ρ : Sargı malzemesinin özgül direnci

T : Peryot

f : Şebeke frekansı

f_2 : Rotor frekansı

P_i : Döner alan gücü veya elektromagnetik güç

t : Zaman

P_{gi}, P_1 : Giriş gücü

$P_{çı}$: Çıkış gücü

P_{mek} : Mekanik güç

P_{cu1} : Stator bakır kayıpları

P_{cu2} : Rotor bakır kayıpları

P_{stm+v} : Sürtünme ve vantilasyon kayıpları

P_0 : Boşta çalışmada toplam kayıplar

P_{ex} : İlave ve çevre kayıpları

n_r	: Rotorun devir sayısı
n_s	: Döner alanın devir sayısı
k_x	: Deri etkisinden dolayı X_2' reaktansını azaltan faktör
k_r	: Deri etkisinden dolayı R_2' direncini arttıran faktör
w_d	: Oluk başı enine genişlik
w_i	: Oluk sonu enine genişlik
b_i	: Diş sonu oluklar arası mesafe
b_d	: Diş başı oluklar arası mesafe
r_i	: Merkezden oluk sonuna olan uzaklık
r_d	: Merkezden oluk başına olan uzaklık
l	: Rotorun aksiyal uzunluğu
$b_{d,l}$	: Rotor oluğunun enine uzunlukları
l_{kafes}	: Kafesin uzunluğu
A_{kafes}	: Kafesin kesiti (mm^2)
A_b	: Barın kesiti
A_s	: Stator iletkeninin kesiti
N_0	: Faz ve oluk başına sarım sayısı
N_s	: Kutup ve faz başına oluk sayısı
a	: Faz başına paralel iletken sayısı
L_{cephe}	: Stator sargısı cephe uzunluğu (m)
A_x	: x mesafesindeki alan
A_t	: Toplam alan
k_{w1}	: Stator Sargı faktörü
k_{w2}	: Rotor sargı faktörü
$b_{sargı}$	: Sargı genişliği
b_g	: Oluk genişliği
emk	: Elektromotor kuvvet
mmk	: Magnetomotor kuvvet

ŞEKİLLER LİSTESİ

TABLOLAR LİSTESİ

YENİLİK BEYANI

Bu çalışmada rotor oluk parametreleri zaman harmonik etkilerinin düşürülmesi açısından ele alınmış ve incelenmiştir. Bu konuyla ilgili direk yapılan çalışma bulunmamaktadır. Ancak bu yapılan çalışmaya yakın çalışmalar olarak, stator zaman ve uzay harmoniklerinin asenkron motor üzerine yaptığı etkilerin incelenmesi, oluk optimizasyonu, derin oluk etkisinin rotor parametrelerinde yaptığı değişiklikler, oluk şekillerinin moment üzerine etkisi gösterilebilinir.

Yapılan bu çalışmanın getirdiği katkı ve yenilikler;

- Gerçekleştirilen Fortran bilgisayar programı sayesinde zaman harmoniklerini analiz etmek mümkündür.
- Kullanılan Oersted simülasyon programında harmonik değerlerin analiz bölümü bulunmamaktadır. Ancak bu programa yardımcı, Mathematica isimli bir program sayesinde zaman harmoniklerinin analiz edilebileceği gösterilmiştir.
- Rotor oluk optimizasyonu ile hem harmoniklerin düşürülmesi, hem de verimin arttırılabilmesi mümkün olmuştur.

BÖLÜM 1

GİRİŞ

Bu çalışmada, değişik rotor oluk tasarımlarının, zaman harmonikleri üzerine etkisi ve bu harmoniklerin etkisinin azaltılması incelenmiştir. Alternatif akım makinaları içinde indüksiyon motorları, en çok kullanılan ve en popüler tiptir. Çok fazlı indüksiyon motorları ise, gerek yapılarının basitliği, gerek kullanım alanlarının yaygın olması ve gerekse maliyetlerinin düşük olması sebebiyle en fazla kullanılan indüksiyon motorlarıdır. Bu çalışmada da sanayide kullanımının fazlalığı gözönüne alınarak, üç fazlı sincap kafesli asenkron motor, zaman harmoniklerinin etkileri incelenmiştir. Asenkron motorlarda eşdeğer devre elemanlarının, mıknatıslanma reaktansı da dahil hesaplanması, makina konstrüksiyonunun çok iyi bilinmesini gerektirir. Bu çalışmada da harmonik değerlerin düşürülmesi analizi çalışmasına başlamadan önce stator, rotor direnç ve reaktans değerleri cebirsel hesabı yapılmıştır.

Genel olarak dönme hareketi yapan sistemlerin hepsinde çeşitli sebeplerden ötürü harmonikler oluşur. Bu harmoniklerin kaynağı; besleme şeklinden (sinüzoidal olmayan gerilim dalgaları) olduğu gibi, stator ve rotor oluklarının ve sargısının yapısından dolayı da olur. Rotorda gerilim endükleyen bu harmonikli değerler, rotor oluklarının yapısından dolayı da tekrar harmonikler oluştururlar. Basit olarak yapılan incelemelerde, indüksiyon motorların hava aralığı mmk'sının uzayda sinüzoidal olarak dağıldığı kabul edilir ve teorik hesaplar bu kabule dayanarak yapılır. Ancak gerçek mmk'nın dağılımı böyle değildir, çeşitli tipte ve sonlu sayıdaki oluğun oluşturduğu mmk dağılımı da, sonlu sayıda artım veya basamak, oluk açıklıklarının olduğu yerde de azalımlar gösterir[8,29,34]. Bu ifadeden anlaşılacağı üzere, düzgün (titreşimli) bir eğrisi bulunmayan mmk, yapısından dolayı harmonik bileşenler içerir. Herhangi bir harmonik gerilim üretici ile beslenen stator; kendi yapısından dolayı oluşan harmoniklerle de birleşerek uzay ve zaman harmonikleri olarak adlandırılan harmonikleri oluşturur. Rotor'a gelen bu harmonikler buradan tekrar statora geçerek, stator harmoniklerinin daha da karmaşık bir yapıya sahip olmasına sebep olurlar. Zaman ve uzay harmoniklerinin bu zararlı etkileri, ilave kayıpları arttırdığından, çalışma sisteminin verimini de azaltır. Harmoniklerin zararlı etkilerini makalesinde ilk anlatan kişilerden birisde Kron'dur. Kron çalışmasında rotor, stator oluk sayılarının ve oluk açıklığının olumsuz etkileri sonucu, motorda gürültü ve titreşimin oluştuğunu ortaya koymuştur[1,32].

Harmonikli gerilimlerin endüklediği akımların akıtılması sonucunda oluşan ilave akılar gereği, sargılarda ilave endüktanslar ve reaktanslar oluşacaktır. Harmonikler mmk dağılımına yeni şekil verecektir. Makina konstrüksiyonu oluk sayıları, oluk açıklıkları, oluk yüksekliği, hava boşlukları, doyma v.s. parametrelere bağlı olduğundan, oluşacak harmoniklere ait ilave reaktansların ve diğer büyüklüklerin makinanın fiziksel büyüklükleri, oluk şekilleri ve sargı cinsinden belirlenmesi gerekir. Bu çalışmada sadece zaman harmoniklerinin rotor olukları üzerindeki etkileri gözönüne alınmıştır. Harmonikli bir gerilimin (sinüzoidal olmayan) statora uygulandığı ancak, statorun yapısından dolayı üretilen harmoniklerin olmadığı kabulü yapılmıştır. Sargı fazlarının simetrik olduğu varsayılmıştır. Harmonik gerilimlerin genliği 1. harmoniğin effektif değeri esas alınarak hesaplanmıştır. Demir direnci dolayısı ile demir kayıpları ihmal edilmişitir.

Elektrik motorlarında harmonikler motorun hangi kısmında üretilirse üretilsin, motorun stabil çalışmasını bozucu etkiler yaparlar. Bu etkiler gürültü, titreşim, kayıp ve hatta motor momentini etkileyecek şekilde ortaya çıkarlar[3,5,10].

Bu çalışmada, asenkron makinayı araştırmanın temeli olan eşdeğer devre ve makina parametrelerinin cebirsel hesabı, birinci bölümde kısaca anlatılmıştır. Klasik Steinmetz asenkron makina eşdeğer devresinden yola çıkılmış ve Kron'un makina modeline uygun olarak harmonik eşdeğer devre elde edilmiştir. Bunun yanında asenkron makinanın çıkış momenti ve elektromagnetik momentinin yanısıra, harmonik momentleri, kayıpları ve bu değerler gözönüne alınarak; makina yapısında alınmış ve alınmasında gerekli olan önlemlere değinilmiştir. Rotor oluklarının yapısı, harmoniklerin rotor oluklarında nasıl oluştuğu, harmonik analizi, rotor oluk dizaynı için yapılan program ve programın içeriği ve avantajları anlatılmıştır. Aynı temel büyüklüklerin makinadan makinaya fark etmesi yüzünden oluşturulan katsayılar ve bunların sebeplerinede ayrıca değinilmiştir.

TEE A.Ş. ait Q112M4B motoru üzerinde teorik hesaplar yapılmıştır. Yapılan teorik hesaplar, motor fabrikasında kullanılan hesaplarla karşılaştırılmış ve sonuçta yapılan hesapların hata sınırları içinde birbirleriyle uyuştukları görülmüştür. Aynı motor hem İTÜ Elek. Mak. Lab.'da, hem de TEE'de boşta, kısa devre halinde ve tam yükünde test edilimiş bu değerlere göre; teorik hesaplar ile testler arasındaki fark %10 bulunmuştur.

Bu çalışmada yaygın olarak kullanılan geometrik şekiller, değişik kombinasyonlarla ele alınmış ve incelenmiştir. Asenkron motorun analizi Fortran Bilgisayar diliyle yazılmıştır. İlk aşamada, basit geometrik şekilleri birleştirme yoluyla daha kompleks geometrik şekiller elde edilmiş ve her bir geometrik şekil için, harmonik kayıpları minimize edecek, ancak bunları yaparken de, makina parametrelerini belli limitlerde tutacak bir oluk şekli tasarım edilmiş, optimal bir oluk elde edilmiştir.

İlk iki bölümde indüksiyon motorları ve özellikleri. Bölüm 3'de ise harmonik analizi ve bu analize dayanarak, rotor oluk optimizasyonu ve harmonik değerlerin düşürülmesi anlatılmıştır.

Bölüm 4'de hem Fortran programlama dili ve hemde oersted simülasyon programı anlatılmıştır. Oersted simülasyon programının harmonik analiz bölümü Mathematica adlı bir başka programla yapılmıştır. Bölüm 5'de analizler sonucu ortaya çıkan oluk ile referans oluğun test değerleri verilmiş ve sonuçlar birbirleriyle karşılaştırılmıştır.

Son bölümde de Fortran Bilgisayar Programı yardımıyla optimize edilmiş rotor oluğunun, harmonikler üzerine etkisinin, hem Oersted Simülasyon programıyla, hemde test değerleriyle ayrı ayrı incelemesi yapılmış ve sonuçları karşılaştırılmıştır.

Bu bölümde matematiksel analizlerin temelini oluşturmak için asenkron motorun eşdeğer devre parametreleri incelenmiştir. Fourier analizi yapılmış, bu analizin hesaplarda nasıl kullanılacağı anlatılmıştır.

Akım yoğunluğunun ve makinada doyma etkisinin rotor oluklarında nasıl oluştuğu ve rotor parametrelerini nasıl etkilediği incelenmiştir. Akım yoğunluğu motor çalışmağa başladığı ilk anda rotor oluğu ağzında toplanır, ancak motor senkron hıza yakın bir değerde çalışmaya başlayınca, rotor frekansı düştüğü için doğru akım etkisi yapar ve oluğa üniform olarak dağılır[3,18]. Magnetik doyma değerlerinde ise derin olukda oluk - dibi indüksiyon değeri çok önemlidir. Bu değer aşılmaması için oluk dibine doğru oluk genişliği daraltılmıştır.

Derin oluk etkisinin rotor parametrelerini nasıl etkilediği üzerinde durulmuş, oluğu derinleştirdikçe reaktansın azalmakta, buna karşılık rotor direnci artmakta olduğu görülmüş ve analiz formülleri verilmiştir[7,34]. Son bölümlerde ise harmonik değerlerin indirgenmesi yapılmadan önce, motor parametreleri cebirsel hesap sonuçları verilmiş ve bu sonuçlara göre program hazırlanmıştır.

2.2 Sincap Kafesli Asenkron Makina Eşdeğer Devre Elemanlarının Matematiksel Modeli, Güç ve Momenti

Asenkron makinalarda incelemeleri teorik bir temele oturtmak için, sürekli rejimde eşdeğer devre çıkarılır, hesaplamalar kolayca bu devre üzerinde gerçekleştirilir. İşlem basamaklarını kısaltmak ve kolaylaştırmak için, simetrik çok fazlı sargıların, dengeli çok fazlı gerilimle beslediği durum göz önüne alınır. Muhtelif sayıda faz içeren makinalarda fazların birbirlerinin aynı olduğu kabul edildiğinden stator ve rotor arasındaki hava aralığını kaldırarak tüm makinaya ilişkin bir fazın devre modeli olarak gösterilir. Çok fazlı sargıların değişik bağlama şekilleri olmasına rağmen, referans olarak seçilen motor Δ bağlı olduğu için işlemler Δ bağlı sistemlere göre yapılmıştır.

Sincap kafesli makinada faz sayısı hesabı yapılırken; herbir çubukta oluşan faz farkından dolayı, çubuk sayısı kadar faz vardır denir. Döner alan ve rotor akımları Bio -Savart F=B.I.L yasasına göre bir döndürme momenti oluşturur. Bu momentin etkisiyle rotor döner alan yönünde hızlanarak yüklemenin belirlediği n_r hızına ulaşır. Bilezikli motorlarda rotor sargısı stator sargısının kutup sayısına eşit olarak yapılırken, kafesli motorun değerli bir özelliği değişik kutup sayılarına kendiliğinden uyabilmesidir[39,16].

Makinanın birincil ve ikincil sargıları, karşılıklı endüktanstan istifade edilerek birleştirilir. Bu durumda, sekonder devrede statorda bulunan faz sayısı kadar faz endüklenir. Kaçak reaktans indüksiyon motorunun performansını belirleme açısından çok önemlidir. Kaçak akı sadece bir sargıyı kaplayan akı olarak adlandırılır. Kaçak reaktansta bu kaçak akıdan doğar.

Reaktans hesabı stator ve rotor olukları için oldukça detaylıdır. Stator oluklarında ayrıca birçok parametreyi gözönüne almak lazımdır. Örneğin cephe kaçaklarını reaktansı, diferansiyel kaçak (hava aralığı kaçağı) reaktansının en önemlisi olan zig zag reaktansı, ve bunların yanında da, en önemliside, oluk reaktansını gözönüne almak ve toplam reaktansı bulmak için bütün değerleri toplamak lazımdır. Elektromagnetik olarak birbirine bağlı iki devrenin bir sistem olarak gösterilmesi çok uygundur. Üç fazlı asenkron motorun statoruna V_1 gerilimi uygulandığında makinanın hava aralığında senkron hız ile dönen faydalı magnetik akı Φ_M meydana gelir. Faydalı magnetik akı asenkron motorun statorunda E_1 elektromotor kuvvetini endükler. Ayrıca asenkron motorun stator sargılarında da kaçak reaktanstan ve omik direncinden dolayı da bir gerilim düşümü olacağından asenkron makina için aşağıdaki formülü elde ederiz.

$$V_1 = E_1 + (R_1 + jX_1)I_1 \qquad (2.1)$$

Asenkron makinanın stator döner alanının etkisiyle n_s hızı ile dönmesi sonucu rotor n_r hızı ile dönmeye başlar; bu durumda döner alanın rotora göre rölatif bir hızla döndüğü kabul edilebilir. Makinadaki faydalı magnetik akının rotorda endüklediği gerilimin frekansı da bu rölatif hıza yani kaymaya bağlı olacaktır.

$$f_2 = s.f_1 \qquad (2.2)$$

Makinanın stator ve rotor sargılarında endüklenen elektromotor kuvvet ifadeleri motor çalışma için (0<s<1) aşagıdaki gibi olacaktır.

$$E_{2s} = E_2^{'}.s \qquad (2.3)$$

Rotorun dağılma reaktansıda

$$X_2 = X_2^{'}.s \qquad (2.4)$$

E_{2s} ' emk sekonder devrede üretilirken, akım aşağıdaki eşitlik yardımıyla belirlenir.

$$\left.\begin{aligned}\vec{I}_2^{'} &= \frac{\vec{E}_{2s}}{\vec{Z}_2^{'}} \\ I_2^{'} &= \frac{E_2^{'}}{\frac{R_2^{'}}{s} + jX_2^{'}}\end{aligned}\right\} \tag{2.5}$$

Üç fazlı asenkron makinalarda rotor akımları, başlangıç akımını belirleme açısından da önemli bir rol oynamaktadır. Bu sebepten rotorun kapalı yada yarı kapalı olan geometrisine göre başlangıç akımı algoritması kurulmaktadır[23].

Bu değerleri elektriksel bir sistem halinde gösterebilmek için ya rotor eşdeğer devre elemanları statora, yada, stator eşdeğer devre elemanları rotora indirgenir. Şekil 2.4'de Bu eşitlikler yardımıyla oluşturulan eşdeğer gösterilmiştir.

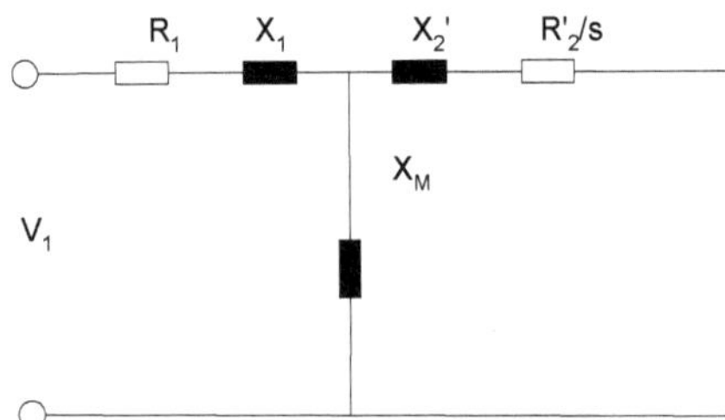

Şekil 2.4 Asenkron Makina Eşdeğer Devresi

Makinalarda Sankey Diagramı yardımıyla elde edilen ölçekli bir diyagram sayesinde güç dağılımı ve akışı elde edilir. Asenkron motor şebekeden S_1 görünür gücünü, P_1 etkin gücünü ve Q_1 tepkin gücünü alır[16].

$$\left.\begin{aligned}S_1 &= \sqrt{3}U_{1L}I_{1L} \\ P_1 &= S_1\cos\varphi \\ Q_1 &= S_1\sin\varphi\end{aligned}\right\} \tag{2.6}$$

Şebekeden alınan P_1 veya P_{gi} etkin gücü, stator sargısının bakır ve demir kayıpları çıktıktan hava aralığından geçerek rotora gelir. Hava aralığında dönüşen bu güce eletromekanik güç veya hava aralığı gücü denir. Temel eşdeğer devrede bu güç R'_2 /s direncinde tüketilir. Eğer rotor kayıpsızsa, bu güç toplam olarak mekanik güce dönüştürülür. Ancak Rotor sargısından bir akım aktığı zaman, rotorun bakır veya alüminyum iletkenlerinde kayıplar oluşur.

$$\left.\begin{array}{l} P_i = P_1 - (P_{cu1} + P_{fe1}) \\ P_i = P_{cu2} + P_{mek} \\ P_i = m_1 \dfrac{R_2^{'}}{s} I_2^{'2} \end{array}\right\} \tag{2.7}$$

$$P_{cu2} = m_1 R_2^{'} I_2^{'2} \tag{2.8}$$

$$P_{mek} = m_1 \frac{1-s}{s} R_2^{'} I_2^{'2} \tag{2.9}$$

Mekanik güçten sürtünmelerin oluşturduğu P_{stm+v}, P_{ex} kayıpları çıkardığımız zaman kalan kısım $P_{çı}$ faydalı mekanik güç olarak elde edilir. $P_{çı} = P_{mek} - (P_{stm+v} + P_{ex})$ Mil gücüde denen bu güç, motor plakasında daima belirtilen güçtür [4,16,34].

Motorun verimi

$$\eta = \frac{P_{çı}}{P_{gi}} \tag{2.10}$$

Asenkron motorun milindeki faydalı yani iş makinasına uygulanan döndürme momentini M_k ile gösterelim. Boşta çalışmada asenkron motorun mili P_{stm+v} kayıplarından ötürü M_{k0} momenti ile frenlenir. Sabit hızla dönen rotorda endüklenen döndürme momenti bu iki bileşenden oluşur. Burada;

$$M_{ki} = M_{k0} + M_k \tag{2.11}$$

$$M_{k0} = \frac{P_{stm+v}}{2\pi n_r} 60 \tag{2.12}$$

$$M_k = \frac{P_{çı}}{2\pi n_r} 60 \tag{2.13}$$

n_r : rotor hızı(devir/dak) $2\pi n$ rotorun açısal hızı.

Maksimum moment ve maksimum kayma değerleri P_{imax} tekabül eden s_d kaymasını bulmak için s_d'ye göre türev alınıp 0'a eşitlenirse

$$s_d = \pm \frac{R_2^{'}}{\sqrt{R_1^2 + \left(X_1 + X_2^{'}\right)^2}} \qquad (2.14)$$

$$M_d = \pm m_1 \frac{V_1^2}{4\pi n_s (R_1 + X_1 + X_2^{'})} \qquad (2.15)$$

olarak maksimum moment bulunur[39,16,4]. Formül(2.14) ve (2.15) + işaret asenkron makinanın motor çalışmasına - işaret generatör çalışmasına karşı düşer.

2.3 Fourier Analizi

Bu şekilde belirlenen devre parametrelerinin, statorda harmonikli bir gerilim uygulanmasından dolayı fourier analizi yapılır. Fourier analizi yapıldıktan sonra harmonik bileşenin yaptığı etkiler hesaplanır. Harmoniğin etkisinin ayrı ayrı hesaba katıldığı bir eşdeğer devrenin elde edilmesi harmoniklerin performansa etkisinin araştırılması açısından önemlidir. Fourier serisi bir matematikçi yaklaşımıyla sonsuz sayılı karmaşık bir fonksiyonu temsil ederken, motor performansına etkisi açısından ilk birkaç terimden sonrası ihmal edilecektir. Fourier serisine açılım formülleri;

$$C_n = \frac{2}{T}\int_0^T F(wt)Cos(nwt)dt \qquad (2.16)$$

$$S_n = \frac{2}{T}\int_0^T F(wt)Sin(nwt)dt \qquad (2.17)$$

$$D_0 = \frac{1}{T}\int_0^T F(wt)dt \qquad (2.18)$$

olur. Verilen F(wt) fonsiyonuna gore apsis eksenine göre bölünmüş alanlar birbirine eşitse D_0 =0 ve tek fonksiyonsa yani F(-wt)= F(wt) ise C_n =0 yani tek bir fonksiyondur. Y eksenine göre simetrikse S_n =0' dır.

Asenkron makinaya uygulanan gerilim sinüs formunda (tek fonksiyon) ve x eksenine göre simetrik olduğu için C_n =0 ve D_0 =0 dır. Ayrıca fonsiyon $\pi/4$ simetrisine sahip olduğu için 2 ve 2'nin katı harmoniklerde açılım da bulunmayacaktır[26,27,28].
Bu değerlere göre fourier analizi yapılırsa

$$F(wt)=S_1 \, Sinwt + S_3 \, Sin3wt + S_5 \, Sin5wt + S_7 \, Sin7wt + \ldots + \qquad (2.19)$$

olur.

Üç fazlı, simetrik, dengeli yüklü bir makinada 3 ve 3'ün katı harmoniklerin mmk'sı olmayacaktır. Sin3wt +Sin(3wt-2π/3)+Sin(3wt-4π/3) =0 Öyle ki Σ sembolü altındaki terimler sıfır olacaktır. O zaman fourier serisi 1,5,7,11,13.....gibi 6k ± 1 terimlere uygulanır. Bu terimler fourier serisinde yerine konulduğu zaman 6k+1 düzenindeki harmonikler (7,13,...) temel bileşenle aynı yönde döner, 6k-1 düzenindeki harmonikler (5,11,...) temel bileşenle ters yönde döndükleri kabulü yapılır. Harmonikler dereceleri arttıkça tepe değerleri, yani etki dereceleri azalmaktadır[5,21]. Bu yüzden en önemli harmonikler 5. ve 7. harmoniklerdir. Asenkron makina analizinde, hassas bir matematiksel model hazırlamak için de mutlaka harmonikleri kullanmamız gereklidir[21]. Fourier analizindeki S_n gerilimin dalga şeklinin (fonksiyonunun) bir değeridir. S_n değerine göre fourier analizi yapılmıştır. Bu çalışmada $S_n = V_{1eff}$ kabulü yapılarak teorik çalışmalar incelenmiştir.

2.4 Rotor Oluklarında Deri Olayı Etkisi ve Deri Olayı Etkisine Göre, Eşdeğer Devrenin Tekrar Kurulması

Derin oluklu rotor iki kafesli asenkron motora benzer, sincap kafesli asenkron motorla karşılaştırıldığında daha iyi kalkış özelliklerine sahiptir. Derin oluklu motorların kullanımında rotor sargısı oluklarında, kaçak akıların sebep olduğu deri olayı etkisine önem verilir.

İdeal motor, değişken bir ikincil reaktansa sahip olmalıdır. Reaktans başlangıç anında büyük, rotor hızı arttıkça azalan bir değere sahip olmalıdır. Bu durumu ilk keşfeden Boucherot, derin oluk etkisi veya direncin reaktansla değişimi olarak bunu ortaya koymuştur[24,20].

Şayet rotor oluk geometrisi çok dar ve uzun yapılmışsa, akım tam frekans değerinde (mesela 50 Hz) oluğun ağzında toplanacaktır, kayma frekansı düşük olduğu zaman akım, oluğa eşit olarak dağılacaktır. Oluğun en alt kısmı bütün kaçak akıları toplamaktadır, hava aralığına yaklaştıkça kaçak akılar azalacak ve oluk sadece birkaç akı tarafından halkalanacaktır. Bu olay oluğun alt tarafında direnci arttıracak, oluk ağzına doğru gidildikçe direnci azaltacaktır. Alt tarafta endüklenen gerilim yüksek, üst tarafta ise az olacaktır.

Farklı derinlikteki oluk kısımları farklı sayıdaki akı çizgileri tarafından kesilmektedir. Alçak kısımlar akının yoğun olduğu, üst kısımlar akının daha az yoğun olduğu bölümlerdir. Bu nedenle maksimum emk, olukların daha alt kısımlarında, minimum emk ise üst kısımlarında endüklenecektir.

Deri olayı etkisi bütün oluklarda vardır, ancak 15-20 mm arasında derin oluk etkisi kendini göstermeğe başlar. 20-50 mm oluk yüksekliğine sahip motorlarda etki daha fazla ve rotor parametrelerini değiştirecek ölçüde önemli derecededir.

Pratik olarak deri olayı etkisi sadece oluklara yayılmış iletken kısımlarda yer alır ve sargı uçlarında yok olur. Bu yüzden faz başına rotor sargısı R_2 direnci ve X_2 endüktif reaktansı aşağıdaki gibi ifade edilir[39,40].

$$R_2 = kr*R_{2bar} + 2R_{2}'_{kafes} \tag{2.20}$$

$$X_2 = kx*X_{2bar} + 2X_{2}'_{kafes} \tag{2.21}$$

R_{2bar}, $R_2'_{kafes}$, X_{2bar}, $X_2'_{kafes}$ hesaplama metodları ilerki bölümlerde detaylıca verilecektir.

kr ve kx değerlerinin analizi

$$k_r = \varepsilon \frac{Sinh(2\varepsilon) + Sin(2\varepsilon)}{Cosh(2\varepsilon) - Cos(2\varepsilon)} \tag{2.22}$$

$$kx = \frac{3}{2}\frac{Sinh(2\varepsilon) - Sin(2\varepsilon)}{\varepsilon\, Cosh(2\varepsilon) - Cos(2\varepsilon)} \tag{2.23}$$

$$\varepsilon = \mathrm{h}\sqrt{\pi\mu_0 \frac{b_{çubuk} f_2}{b_g \rho}} \tag{2.24}$$

Bu çalışmada $b_{çubuk}=b_g$ ve "1" olarak alınmıştır. Çünkü derin oluklu rotorda oluk yalıtımı kullanılmaz.

$\varepsilon>2$ değeri için sinh2ε ve cosh2ε değerleri cos2ε ve sin2ε dan daha büyük olduğundan sinh2ε≅ε olarak kabul edilebilir. Bu sebepten $\varepsilon>2$ değeri için

$$k_r \cong \varepsilon \tag{2.25}$$

$$k_x \cong \frac{3}{2\varepsilon} \tag{2.26}$$

Bu formüller özellikle büyük kayma değerlerinde, başlangıç anında derin oluklu rotor parametrelerinin belirlenmesinde ve analizinde büyük kolaylıklar sağlarlar[5,7].

Bu değerlere göre eşdeğer devrede normal motor rotor devresinden farklı olacaktır. Bu durum şekil 2.4'de görülmektedir.

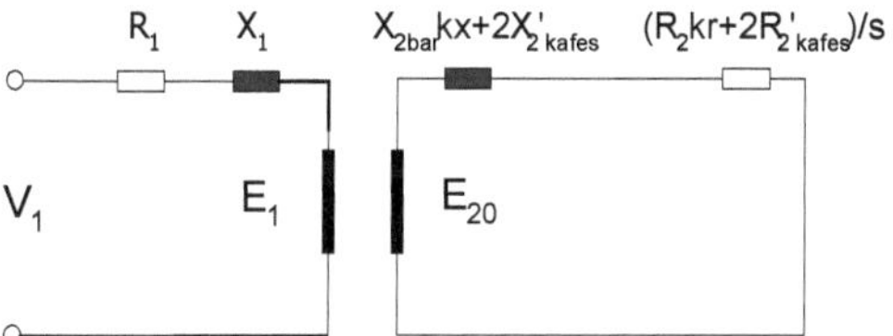

Şekil 2.5 Derin oluk etkili asenkron motor eşdeğer devresi

Burada V_1 faz gerilimidir. Kafes direnci ve akımı bar direnci ve akımından farklı olduğu için, tam olarak faz başına düşen omik direnci ve reaktansı bulmak için kafes direncini bar direncine irca etmek gereklidir. R_2 ve X_2 gerçek değerlerdir. Bunları eşdeğer devrede kullanırken irca faktörüyle çarpmak gereklidir.

2.4.1 Rotor oluklarında akım yoğunluğunun etkisi

Derin oluk etkisi motorlarda bilinen bir etkidir ve harmonik kayıpları çok düşürdüğü görüldüğü için bu çalışmada, temel olarak derin oluklu rotorlar alınmıştır. Derin oluklu rotorda en önemli olay akım yoğunluğudur. Rotor iletkenlerinde foucault akımlarından ötürü ilave kayıplar meydana gelir. Şekil 2.6-b den görüleceği üzere, iletkenin 1-2 parçaları bütün kuvvet çizgileri tarafından çevrili durumdayken 3-4 parçası pek az sayıda kuvvet çizgisi ihtiva eder. Dolayısıyla 1-2 'de en büyük gerilim endüklenirken, 3-4'de en küçük gerilim endüklenir. İletkendeki bu gerilim farkından dolayı Foucault akımları meydana gelir ve bu akımlar esas iletken akımını iletkenin ağzına doğru iterler[2,51]. Bu olay asenkron makinanın başlangıç anında daha belli nominal çalışma şartlarında daha azdır. Şekil 2.6-a'dan faydalanarak, bu problemin analizi formül (2.27) ve formül (2.28) ile çözülür.

$$J = \frac{(1+j)\alpha I}{d}\left[\frac{Cosh(1+j)\alpha y}{Sinh(1+j)\alpha h}\right] \qquad (2.27)$$

$$\alpha = 2\pi\sqrt{\frac{b_{çubuk} f_2}{b_g \rho 10^7}} \qquad (2.28)$$

d : oluk dibinden itibaren ölçülen uzunluk

y : oluğun sonundan itibaren ölçülmek istenen akım yoğunluğunun yüksekliği(mm)

α : Birimsiz oluk nüfuz etme katsayısıdır. Kısım 2.2'de verilen ε katsayısı ile aynıdır.
f_2 : Rotor frekansı

Formülden de görüldüğü üzere akım yoğunluğu rotor frekansına direk bağlıdır. Başlangıç anında parabolik bir eğri gösterirken, nominal çalışma değerlerinde oluğa tamamen eşit olarak dağılır. Şekil 2.6-b 'deki eğri. Bölüm 3-4'de şekil 3-9 ve şekil 3-10'da bu teorik bilgilere dayanarak optimize olukta ve referans olukta akım yoğunluğu grafikleri verilmiştir. Bu grafiklere göre optimize oluktaki akım yoğunluğu dağılım değerleri referans oluktaki akım yoğunluğu dağılım değerlerinden daha düşüktür. Referans oluk ve optimize oluk için bulunan analiz değerleri Oersted Simülasyon programı ile de doğrulanmıştır. Bu sonuçlarda şekil 4-7 ve şekil 4-9'da verilmiştir.

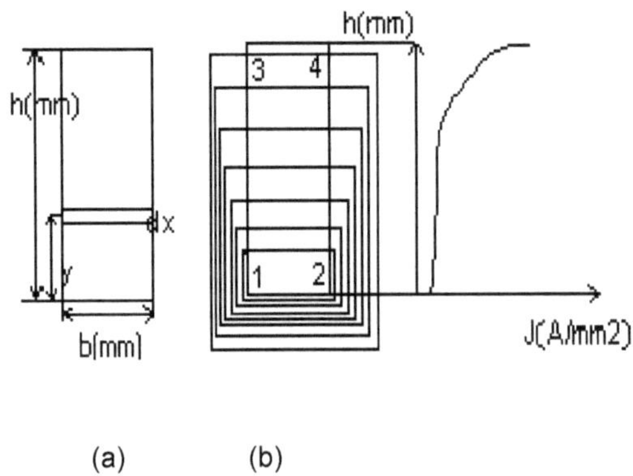

(a) (b)

Şekil 2.6 (a) oluk parametreleri (b) akım yoğunluğu ile oluk yüksekliğinin değişimi

İletkenin bu davranışı, asenkron motorda, kalkış momentini iyileştirmek için kullanılmaktadır.

2.4.2 Rotor oluklarında doyma olayı ve makina parametrelerine etkisi

Oluk açıklıkları yani olukların kapalı yarı kapalı veya açık olması gerektiğini belirleyen faktörden birisi de dişlerdeki doyma olayıdır[3]. Kapalı oluklar ve yarı kapalı oluklar genellikle küçük ve orta güçler için kullanılırlar. Çünkü bu oluklar sayesinde diğer oluklara nazaran daha küçük mıknatıslanma akımı çekilir, sebebi ise etkili hava aralığının artmasıdır. Oluk ağzı açık makinalarda, oluk harmonikleri oluşmaktadır[4]. Bunun yanında, dişlerdeki magnetik doyma olayını dengeleyebilmek ve yalıtımın tam olarak sağlanabilmesi için 600V'dan daha yüksek değerlerde mutlaka açık oluklar tercih edilir[3].

Oluklardaki doyma olayını inceleyebilmek için üç değişik bölge için magnetik indüksiyon değerleri bulunur, oluk başı, oluk ortası ve oluk sonu indüksiyonu. Bu indüksiyon değerleri oluk başında 1.2 –1.6 T değerine kadar müsaade edilirken, oluk sonunda 2 –2.5 T değerine kadar çıkar.

$$b_d = \frac{2\pi r_d}{Q_r} - w_d \tag{2.29}$$

b_d : iki oluk arası diş başı uzunluğu
r_d : diş başına göre yarıçap uzunluğu

$$b_i = \frac{2\pi r_i}{Q_r} - wi \tag{2.30}$$

b_i :iki oluk arasındaki diş sonu uzaklığı
r_i : diş sonuna göre yarıçap uzunluğu

$$A = b_{d,i} l \tag{2.31}$$

A : diş kesiti
l : rotorun aksiyal uzunluğu

$$B = \frac{\Phi}{Q_r / 2p} \frac{1}{A} \tag{2.32}$$

$\Phi/(Q_r/2p)$: kutup başı akısı

Oluk tasarımı yapılırken; oluk dibi magnetik indüksiyon değerlerine mutlaka dikkat edilmelidir. Aksi halde oluk çevresinde bulunan demir, doymaya beklenenden erken didecektir. Bu durum rotor akımından, rotorun mil gücüne, momentine kadar bütün motor parametrelerini etkileyecektir.

2.5 Rotor ve Stator Oluk Direnç Hesaplarının Matematiksel Analizi ve Bir Faza Ait Değerlerin Çıkarılması

Bu çalışmada rotor oluk direnç değerleri oluk bar reaktansı ve barları kısa devre eden bilezik reaktansı olmak üzere iki bölüme ayrılarak incelenmiştir[5]. Sincap kafesli makinalarda her çubuk arasında elektriki ve geometrik açı mevcuttur. Bu durumda üzerlerinden akan akımın faz açısı da elektriki açıya bağlı olacaktır. Bu durumda her bir çubuğun faz açısı bir diğerinden farklıdır, rotoru kısa devre edilmiş bir makinada kaç adet çubuk var ise o kadar faz sayısı vardır. Rotor iletkenleri için alüminyum kullanılırsa özgül direnç ρ=0.028 Ω.mm^2/m, ve bakır için özgül ρ= 0.017Ω.mm^2/m, dur. Rotor oluklarında en çok kullanılan iletkenler alüminyum ve bakır iletkenlerdir. Bunların dışında sarı diye adlandırılan pirinçte, çok kullanılan bir malzemedir. Şayet rotor iletkeni olarak bakır kullanılacaksa, bakırlar kalıplar halıinde rotor saç paketlerine yerleştirilir, alüminyum kullanılacaksa; bu malzeme püskürtme usulüyle oluklara doldurulur. Rotor gövdesi çelik $\mu=\infty$ olduğu için magnetik akı yoğunluğu çelik malzemesinde H=0 olur. Bu sebepten dolayı sadece hava için magnetik iletkenlik katsayısı alınır. Genellikle kafes ve çubuklar aynı malzemeden yapılırlar. Bu çalışmada da kafes ve çubuklar aynı malzemeden ve alüminyumdur.

$$R_{bar} = \rho \frac{l}{A_b} N_2 \tag{2.33}$$

N_2 sincap kafesli rotorda faz başına sarım sayısı 1'dir.
A_b : Rotor bar kesiti

$$l_{kafes} = \frac{\pi D_r}{N_2} \tag{2.34}$$

$$R_k = \rho \frac{l_{kafes}}{A_{kafes}} \tag{2.35}$$

Kafesin ve barın dirençlerinin toplamı toplam direnci verir. Kafes akımı bar akımından farklı olduğu için kafes direncini bar direncine indirgeyip toplamak gereklidir. Bu takdirde bar ve kafes üzerindeki bar kayıplarından gidilir.

$$R_k' = R_k \frac{1}{4\sin(\pi p / N_2)} \tag{2.36}$$

ile çarparak

$$R_2 = R_{bar} + 2R_k' \tag{2.37}$$

Değerini elde edilir. Bazı makalelerde harmonik kayıpları azaltmak için rotor bar direnci değiştirilmeğe (büyütülmeğe) çalışılması yerine kısa devre bileziğinin direnci büyültülmeğe çalışılmış ancak bu çalışmaların sonucunda rotor çubuklarında oluşturulacak extra akımlardan dolayı çalışmalar ileriye götürülmemiştri[50].

$$R_2' = R_2 \frac{m_1}{m_2} (\frac{N_1}{N_2})^2 \tag{2.38}$$

N_2 rotorun oluk sarım sayısı ½ dir.
N_1 stator sarım sayısıdır ve effektif sarım sayısı $N_1 k_{w1}$ alınır.

Rotor çubukları eğri veya spiral şeklinde yapılarak daha uniform bir moment, daha az gürültü ve daha iyi gerilim dalga formu meydana getirilir. Bu çalışmada da referans alınan rotor oluğu eğri olduğu için, eğrilik direncide (skewing) hesaplara alınmıştır. Bu sebepten ötürü direnç hesabı yapılırken $l_{aksiyal}$ (z ekseni boyunca uzunluk) rotorun uzunluğu, eğrilik de hesaba katılarak alınır. Bu analizlerden toplam R_2 rotor direnci elde edilir. Bulunan rotor direnci, (2.37) formülü, (2.38) formülünde yerine konulursa R_2' değeri elde edilir. Bu değer rotorun statora indirgenmiş değeridir.

Stator içinde aynı genel formüller geçerlidir. Yalnız ρ değeri bu çalışmada bakır (cu) 'dır. Stator toplam direnci

$$R_1 = R_{1oluk} + R_{cephe} \tag{2.39}$$

şeklini alır.

$$R_{1_{oluk}} = \rho \frac{al}{A} N_1 \tag{2.40}$$

a: paralel iletken sayısı
Cephe direnci;

$$R_{cephe} = \frac{8\rho L_{cephe} N_o N_s}{\pi N_b d^2} \tag{2.41}$$

olarak bulunur ve toplam sonuç, toplam stator direncini verir.

2.6 Rotor ve Stator Kaçak Reaktansların Matematiksel Analizi ve Bir faza Ait Değerlerin Çıkarılması.

Asenkron motorlarda stator olukları yarı kapalı veya açık tip olarak sergilerken rotor oluklarının tamamen kapalı olarak tasarımı yapılır. Bu tasarımın sebebi, hem oluk kaçak reaktansının değerini istenen değerlere indirgeyebilmek, hem de hava aralığındaki akı dağılımının düzgün olması sağlamaktır. Rotor olukları için ise, elektriksel olmasının yanında mekanikseldir. Bunun dışında oluk sayısıda indüksiyon makinaları için oldukça önemli bir olgudur. Genelde empedansları asgariye düşürmek, akı yolunu arttırmak için, stator ve rotor olukları mümkün olduğunca fazla yapılmaya çalışılır ve stator sargılarının uçları kapalı kalacak şekilde oluk içine yerleştirilir. Mıknatıslanma akımı için çok küçük bir hava aralığı seçilir.

Rotor reaktansı, rotor direncine benzer şekilde hesaplanır. Rotor ve stator değerleri çıkarılırken en önemli konu, oluk permeans değerlerinin saptanmasıdır.

$$X_2 = X_{2oluk} + 2X'_{kafes} \tag{2.42}$$

$$X_{2oluk} = 2\pi f\, L_{oluk} \tag{2.43}$$

Oluğun öz endüktansı

$$L_{oluk}= Z_x\phi_x /i \quad (2.44)$$

$$\phi_x= Z_x\, i/R_x \quad (2.45)$$

R_x : magnetik direnç
$\mu_x = \mu_0$
$A_x = dx.l$
l : oluğun aksiyal uzunluğu
b_x oluğun enine uzunluğu

bu değerleri yerine koyarsak

$$L_{oluk} = \mu_0 l Z_2{}^2 \sum_{k=1}^{n} \left(\frac{Z_x}{Z_2}\right)^2 \frac{dx}{b_x} \quad (2.46)$$

$$Z_x = Z_2 \frac{A_x}{A_t} \quad (2.47)$$

A_t : toplam alan
Bu değerleri yerine koyar toplam değerleri bulmak için integral alırsak

$$L_{oluk} = 2pqlZ_2{}^2 \mu_0 \int_{bö\lg e\, alt\, sınır}^{bö\lg e\, üst\, sınır} \frac{A_x^2}{A_t^2} \frac{dx}{b_x} \quad (2.48)$$

şayet iletkenin bulunduğu alan 1'den fazla bölgeden oluşuyorsa o zaman bütün bölgelerin permeanslerini tek tek bulup bunları toplayıp toplam permeans değerini bulmak gereklidir[6,10]. Bazı makalelerde permeans hesapları yapılrken ortalama değerler alınmasına rağmen[22], bu çalışmada tam değerler alınmıştır.

λ_1: birinci bölgenin permeans değeri, λ_2: ikinci bölgenin permeans değeri, λ_3 : üçüncü bölgenin permeans değeri, λ_4 4. bölgenin permeans değeri ve oluk içinde n tane geometri var ise Toplam λ_t

$$\lambda_t = \lambda_1+2\lambda_1+\lambda_2+3\lambda_1+2\lambda_2+\lambda_3+\ldots+n\,\lambda_1+(n-1)\lambda_2+(n-2)\,\lambda_3 \quad (2.49)$$

kafes reaktansı; kafesin permeans değeri dikdörtgen olduğu için direk olarak $h_{kafes}/3{*}b_{kafes}$ yazılır, bulunan değerler aşağıdaki formülde yerine konulursa

$$X_{2kafes} = 2\pi f N_2 \mu_0 (\frac{h_{kafes}}{3b_{kafes}}) l \qquad (2.50)$$

Rotor olukları eğri olduğu için eğrilik reaktansınıda hesaplarımıza dahil etmemiz gerekmektedir. Rotor çubuklarının eğri yapılmasının bir avantajıda rotor konumunun belirlenmesinde harmoniklerin hesaplanmasının gerekli olmasıdır[13]. Şekil 2.6'da α eğriliğin toplam elektriki açısını x'de iletkenin herhangi bir noktasındaki açı (iletkenin bir ucuna göre), iletken uzunluğunda yani endüklenen gerilim $\frac{Edx}{\alpha} x$ olur. Eğik bir iletkende endüklenen net gerilim

$$E = \int_0^{\alpha} \frac{E}{\alpha} \cos(x - \frac{\alpha}{2}) dx \qquad (2.51)$$

Sonuç itibari ile herbir sekonder iletkendeki bileşke gerilim

$$\frac{2 \sin \alpha / 2}{\alpha} \qquad (2.52)$$

faktörü ile küçültülür, bu ifadede kirişin yaya oranıdır.

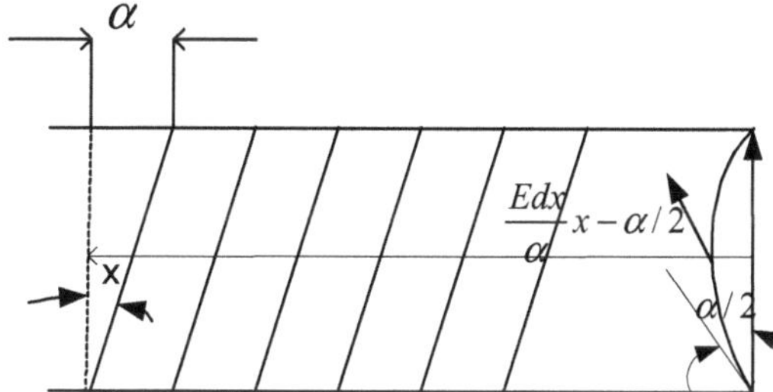

Şekil 2.7 - Rotor çubuklarının eğriliği

Gerekli düzenlemeler ve kısatlamalar yapılarak aşağıdaki formülasyon elde edilir.

$$X_{eğğrili} = \frac{\alpha^2 X_M}{12} \qquad (2.53)$$

α elektriki açı yukardaki formülasyonda radyan olarak alınır. Rotor olukları eğik yapıldığında oluk açıklıklarının neden olduğu akı yoğunluğundaki, magnetik çekim ve momentteki değişmeler rotor çekirdeğinin uzunluğu boyunca zaman bazında ötelenmiş olur. Eğik rotor çubukları, rotor çubuklarında endüklenen net gerilimi düşürerek, parazit akımlarının azalmasını veya oluşmasını engellerler. Eğik çubuklar çubuğun başında ve sonunda gerilim farkı yaratarak ek bir reaktans oluşmasını sağlar. Eğik çubukların oluşturduğu bu reaktans, motorun nominal değerlerinde çok düşük olmasına karşın, düşük akım değerlerinde parazit akımlarının eliminasyonunda oldukça başarılıdır[3,51].

Bölüm 2.5 son paragrafta anlatılan indirgeme analizlerini, aynı mantıkla aynı formülasyonlarla, bu defa X_2' değerini elde etmek için kullanmak mümkündür. X'_2 reaktans değeri bu yolla hesap edilmiştir. Stator reaktansında ise cephe kaçak reaktansının, zigzag reaktansının, hava aralığı faz reaktansının, cephe reaktasının eğriliğinin, oluk reaktansına dahil edilmesi gereklidir.

$$X_{1oluk} = (2\pi f)2pqN_1^2 l\mu_0(\lambda_{oluk}) \tag{2.54}$$

Rotor oluğunundaki permeans analiz hesapları, stator oluğu için aynı şekilde kullanılır. Faz başına reaktans değerleri bulmak için (2.54) formülü 2pq değeri ile çarpılmıştır.

Cephe bağlantı reaktansı için, tek tabakalı 2 cepheli el sargı için

$$K = 0.67138 - 0.47\frac{\pi}{2p}(D_1 + h_{1oluk}) \tag{2.55}$$

dur.

$$X_{1cephe} = \frac{\mu_0 2\pi f}{18p}(Q_1\frac{N_1}{N_b})^2 K \tag{2.56}$$

N_b : Seri bağlı iletken sayısı

Faz bandı kaçak reaktansı 3 fazlı, tam adımlı 60^0 ve 120^0 faz bandı bulunan sargılarda

$$X_B = X_M\ 0.00214 \tag{2.57}$$

Kutuplar arasındaki mmk nedeniyle yolunu tamamen ince hava aralığında yüzeysel doğrultuda tamamlayan belirli bir miktarda akı vardır. Bu kaçak akı bileşeni hava aralığı arttıkça hızla artar. Yüzeysel hava aralığı aorak bilinen bu reaktansı hesaplamak aşağıdaki formülasyon kullanılır[3].

$$X_P = X_m\frac{p^2 g^2}{D_1} \tag{2.58}$$

Toplam zig zag reaktansı, rotor ve stator olukları için; oluklar açık olmasına göre ayrı ayrı hesaplanırsa[3]

$$\left.\begin{aligned} X_{z1} &= \frac{\pi^2 X_M}{12 s_1^2}\left(1-\frac{a(1+a)(1-k)}{2k}\right) \\ X_{z2} &= \frac{\pi^2 X_M}{12}\left(\frac{1}{s_2^2}-\frac{a(1+a)(1-k)}{2k s_1^2}\right) \end{aligned}\right\} \tag{2.59}$$

k=1 oluklar kapalı ise

$$X_z = \frac{\pi^2 X_M}{12}\left(\frac{1}{s_2^{\,2}}+\frac{1}{s_1^{\,2}}\right) \tag{2.60}$$

k=1 rotor olukları kapalı olduğu durumdur.

a : stotor oluk ağzı genişliğinin, stator dişine oranı

s_1 : Stator kutup başına oluk sayısı

s_2 : Rotor kutup başına oluk sayısı

k : Etkin hava aralığının, gerçek hava aralığına oranıdır[3].

$$X_1 = X_{1\,oluk} + X_{1\,cephe} + X_B + X_P + X_Z \tag{2.61}$$

Formül (2.61)'den görüldüğü gibi stator devresindeki tek tek direnç değerlerinin toplamı, toplam stator direncini verir[3,11]. Bu çalışmanın başlarında da stator reaktansını bulmak için yukarıdaki formülasyonlar alınmış ve toplam stator reaktansı bu formülasyonlar kullanılarak bulunmuştur.

BÖLÜM 3

ASENKRON MOTORDA HARMONİK ANALİZİ

3.1 Giriş

Bu bölümde harmonik etkileri düşürülmüş ve optimize edilmiş bir oluğun analizi için kullanılan metod ve analiz programı anlatılmıştır. Analiz yapılılırken rotor oluklarındaki derin oluk etkiside hesaplamalara katılmış bölüm 2'deki analiz formülleri kullanılmıştır.

Harmonik momentler ve kayıplar incelenmiş, harmonik moment türleri anlatılmış, referans olarak alınan damla oluklu rotorda, stator ve rotor oluklarının sayılarının mukayeseli olarak fazla, az veya eşit olması veyahut olmaması durumlarında harmonik momentlerinin ne şekilde etkilendiği açıklanmıştır. Bu konuyla ilgili verilen birçok formülden dahaçok kullanılan formüller üzerinde durulmuştur.

Son bölümde yapılan incelemelerle ilgili Oersted similasyon programıyla ve Mikrosoft Fortran programıyla yapılan analiz sonuçları karşılaştırılmalı olarak verilmiştir. Değişik simülasyon programlarının bulunmasına karşın[22], Oersted Simülasyon programı hem motor hakkında detaylı bilgi vermekte, hem de motorun bütün parametrelerine müdahele imkanı sağlamaktadır.

3.2 Bir Faza Ait Rotor Harmonik Eşdeğer Devresi ve Analizi

Bölüm 2'de açıklananların ışığı altında, bu bölümde Fourier analizi yapılmış bir fonksiyonun eşdeğer devresi üzerinde durulacaktır. Stator ve rotordaki direnç ve endüktansların uzay harmonikleri tarafından değişmediği, ancak rotor akımları ve deri olayı etkisi ile değiştiği kabul edilerek, ν. mertebeden zaman harmoniği için eşdeğer devre yüzey harmonikleri ihmal edildiğinde ortaya çıkan eşdeğer devre Şekil 3.1'deki gibi olacaktır[12].

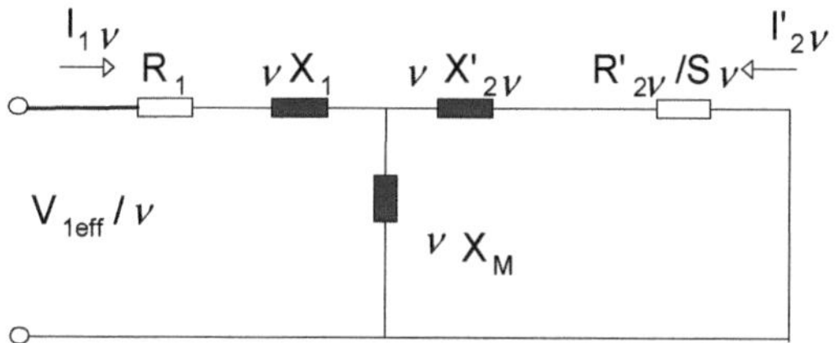

Şekil 3.1- Harmonikler için eşdeğer devre

Zaman harmonik geriliminin V_ν ile temel bileşen arasında $V_\nu = V_{1eff}/\nu$ bağıntısının varlığı kabul edilmiştir.

$$R_2' = ü_r \left(R_{bar} k_{rn} + 2R'_{kafes}\right) \tag{3.1}$$

$$X_2' = ü_r \left(X_{bar} k_{rx} + 2X'_{kafes}\right) \tag{3.2}$$

Bu formülasyon ilk bölümde anlatıldığı için tekrar anlatılmayacaktır. Derin oluk etkiside bulunduktan sonra rotor parametreleri toplanarak stator değerleriyle birlikte toplam eşdeğer devreyi oluştururlar[12,5].

$$\upsilon = 6k \pm 1 \qquad k=1,2,3,\ldots\ldots \tag{3.3}$$

6k+1 dereceli harmoniklerdir 1. harmonikle aynı yönde dönen harmoniklerdir. 6k-1 dereceli harmonikler ise ana harmoniğe ters yönde dönen harmonikleri temsil etmektedir[5].

Herhengi bir ν'üncü harmoniğin frekansı ana harmoniğin frekansından ν defa küçük olacaktır. Yani $f=\nu p n_\nu$ formülü düzenlersek

$$n_{S\nu} = \frac{f}{\nu p} = \frac{n_S}{\nu} \tag{3.4}$$

ν'üncü rotor harmoniğinin hızını bulmak istersek

$$\left.\begin{aligned} s_\nu &= 1 \pm \frac{(1-s_1)}{\nu} \\ n_{r\nu} &= n_s \frac{(1-s_1)}{\nu} \end{aligned}\right\} \tag{3.5}$$

formülünü elde ederiz. Burada yine + ve - işaretler harmoniklerin ana harmonikle aynı yönde veya ona ters yönde döndüğünü gösterirler.

3.3 Harmonikler ve Optimizasyon Gözönüne Alınarak Oluk Tasarımı (Yeni Bir Metod, Harmonik Etkisi Düşürülmüş Yeni bir Oluk.)

TEE Q112M4B 380/660 V , 4kW motor üzerinde yapılmış teorik çalışmalar sonucunda seçilmiş 26 tane değişik rotor oluğu ve bu olukların değişik kombinasyonlarının tasarımı elde edilmiştir. Şekil 3-2'1-..26'da ve şekil 3.4'de bu oluklar verilmiştir. Bu oluklar rotor oluk permeans değerleri değiştirlerek elde edilen eşdeğer devreleri ve harmonik kayıpları açısından birbirleriyle karşılaştırılmış, karşılaştırma sonucu bu oluklardan bir tanesi zaman harmonik kayıpları düşürülmüş en iyi oluk olarak seçilmiştir. Seçim aşamasında zaman harmonik kayıplarının düşürülmesi için rotor akım harmonik değerlerinin filitrelenmesine gidilmiştir. Harmonik değerlerin filitrelenmesi için oluk permeans değerleri ve dolayısıyla oluk reaktansı arttırılarak, motordaki harmonik kayıpların düşürülmesi sağlanmıştır. Ayrıca herne kadar rotor oluk direnci sabit tutularak çalışmalar yapıldıysa da reaktans değerini arttırmak için oluk derinliğini arttırdıkça derin oluk katsayılarıda işlemlere dahil edilmiş, formül (3.1), ve bu katsayıda oluk direncini arttırarak, filitrelenmeye katkı görevi görmüştür. Seçim aşamasının sonucunda bulunan oluk, hem reaktansının büyük (harmonik kayıplarının düşük) hem de derin oluk etkisini içinde bulundurması sebebiyle en uygun oluk olarak seçilmiştir.

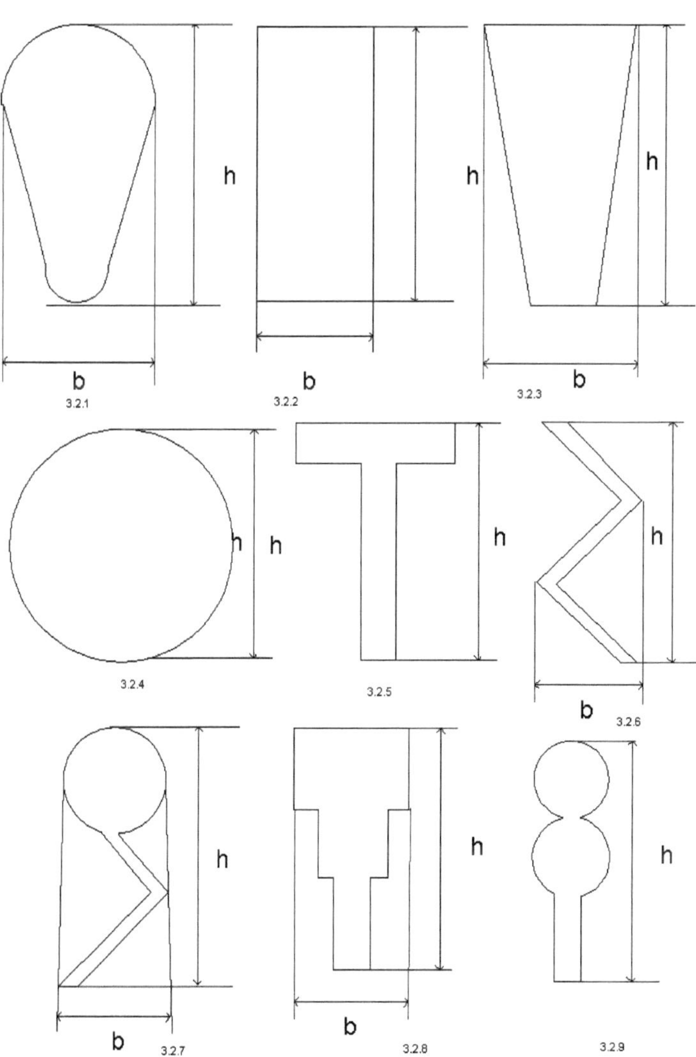

Şekil 3-2- Rotor oluk çeşitleri ve yeni tasarımlar

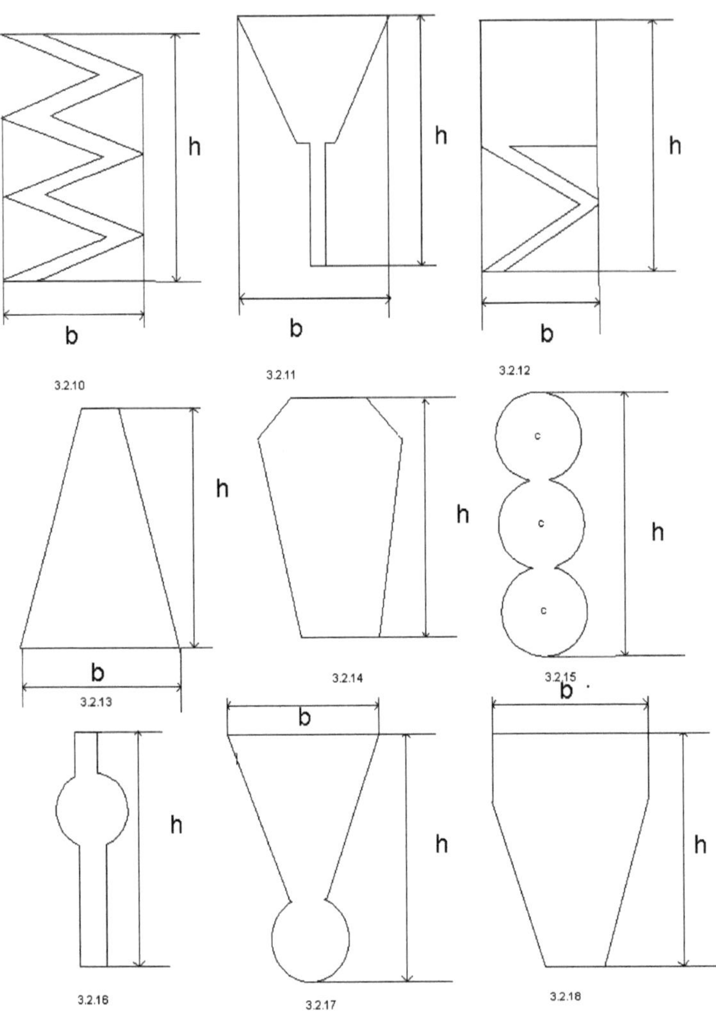

Şekil 3-2- Rotor oluk çeşitleri ve yeni tasarımlar

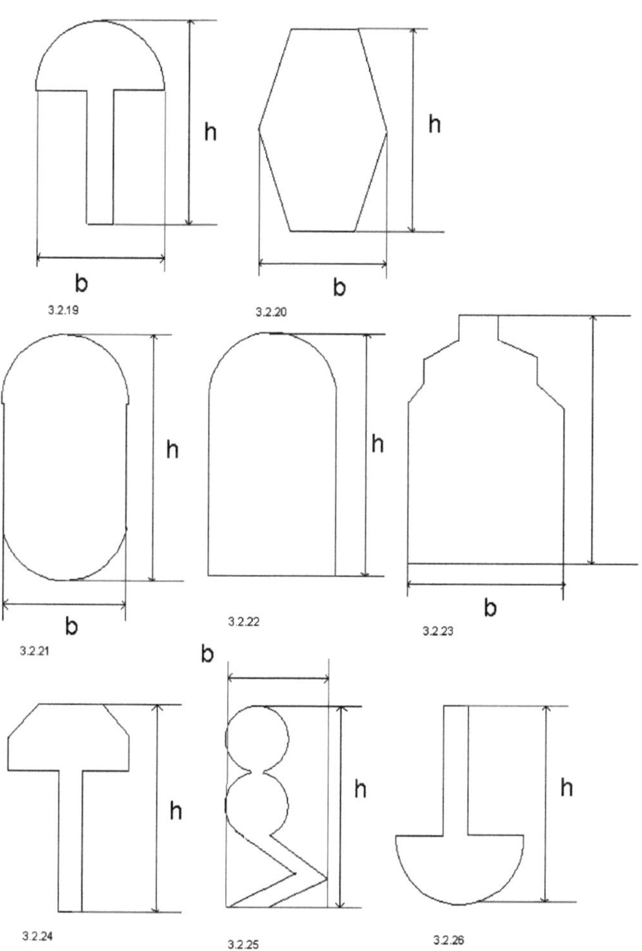

Şekil 3-2- Rotor oluk çeşitleri ve yeni tasarımlar

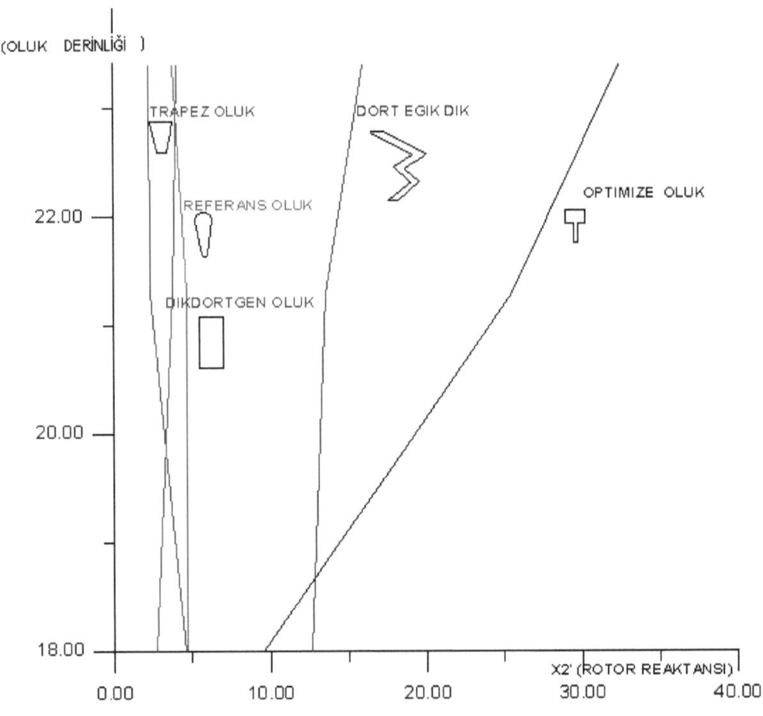

Şekil 3.3-a Değişik rotor oluklarının oluk yüksekliği - reaktans arasındaki değişimi

Şekil 3.3-a'da görüldüğü gibi optimize oluk ve zigzag (dört eğik dikdörtgen oluk) reaktans değerleri diğer oluklara göre daha büyük çıkmıştır.

$$\lambda = \frac{h}{3b} \tag{3.6}$$

h : Oluk yüksekliği

b : Dikdörtgen oluğun eni

$$\lambda = \frac{h}{(b_1 + b_2)^2}\left(\frac{b_1^2}{(b_2 - b_1)^3}\left(\frac{1}{2}b_2^2 + \frac{3}{2}b_1^2 - 2b_1b_2 + b_1^2 \ln\left(\frac{b_2}{b_1}\right) + b_1 + \frac{(b_2 - b_1)}{4}\right)\right) \tag{3.7}$$

b_1 : Trapez oluğun kısa genişliği

b_2 : Trapez oluğun uzun genişliği

Oluk şekli dikdörtgen veya içinde dikdörtgen geometri bulunduran oluklar için permeans hesabı formül (3.6)' da, trapez geometriye sahip veya içinde trapezodial geometri bulunan oluklar için permeans değeri formül (3.7)'de verilmiştir. Şekil 3.3-

a'da "optimize" oluğun reaktans değerinin büyük çıkmasının sebebi; oluk kesiti her oluk yüksekliği için sabit olduğundan (rotor oluk direnci bütün oluklar için aynıdır) oluk yüksekliğinin arttırılarak oluk genişliğinin daraltılmasıdır formül (3.6). "Zig zag" oluk geometrisinde ise oluğun reaktansının değeri oluk yüksekliğiyle çok artmamıştır. Bunun sebebi formül (3.7)'de trapezodial geometrilerde reaktans ile yüksekliğin ters orantılı olmasının sebebi b_1 trapez oluğun kısa genişliğinin küçültülmesi ve h değeri artmasına rağmen bu değerinin ters etki yaparak permeans değerini düşürmesidir. Zig zag olukda da radyal yönde rotor merkezine doğru, oluk şekli daralmaktadır. Bu daralmanın sebebi ise diğer bütün oluklarda olduğu gibi erken magnetik doyuma ulaşmamak içindir. Bu durum olmasaydı. "Zig zag" reaktans bütün oluklar içinde en büyük reaktans değerine sahip oluk olacaktı. Bu durum şekil 3.3-a'dan en düşük oluk yüksekline bakılırsa açıkça görülmektedir. Referans oluk ve trapez olukta direk olarak formül (3.7) den dolayı oluk yüksekliği arttıkça, oluk reaktansı düşmüştür. Dikdörtgen olukta ise formül (3.6)'da kullanılarak şekil 3.3-a'dan görüldüğü üzere oluk yüksekliği ile oluk reaktansının değeri artmıştır. Ancak dikdörtgen olukta oluk genişliği, optimize ve zigzag oluk gibi çok azalmadığı için reaktans değerinde de düşük bir oranda artma görülmüştür.

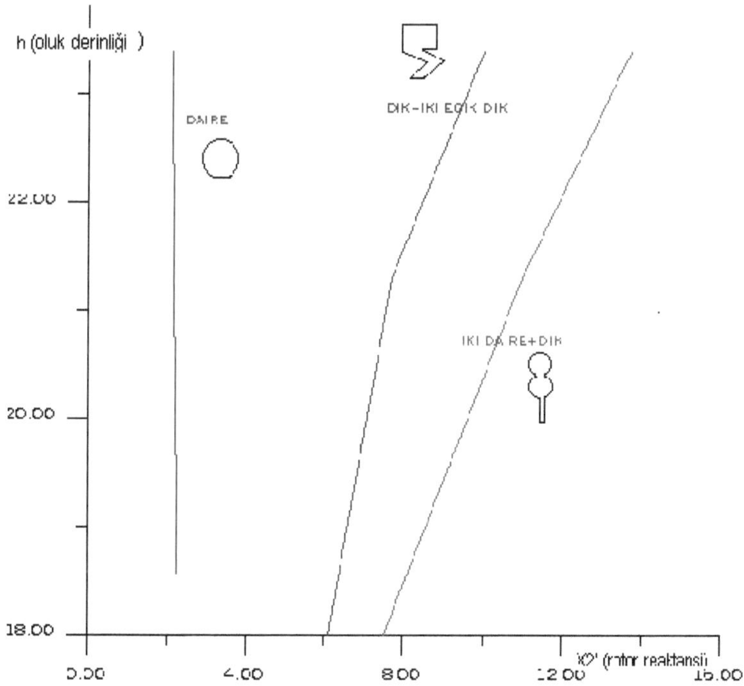

Şekil 3.3-b Değişik rotor oluklarının oluk yüksekliği - reaktans arasındaki değişimi

Şekil 3.3-b'den görüldüğü gibi "daire" oluğun, oluk ebatları ile reaktansı çok az değişmektedir. Derin oluk katsayısının etkisiyle rotor reaktansı bir miktar azalır buna karşılık direncide biraz artar. "Dik + iki eğik dik" olukda ise, oluk geometrisi dikdörtgen oluklardan oluştuğu için formül (3.6)'dan elde edileceği gibi, oluk yüksekliği ile reaktansın artacaktır. "iki deaire + dik" olukda, oluk geometrisi daire olukların permeans değerleri sabit olduğu için sabit olması gerekirken oluk merkezine doğru dikdörtgen bir bölgeye sahip olduğu için formül (3.6)'dan, oluk yüksekliği artmasına rağmen azalan oluk genişliği ile çarpım halinde bulunan pay kısmından dolayı rotor reaktansının artacaktır.

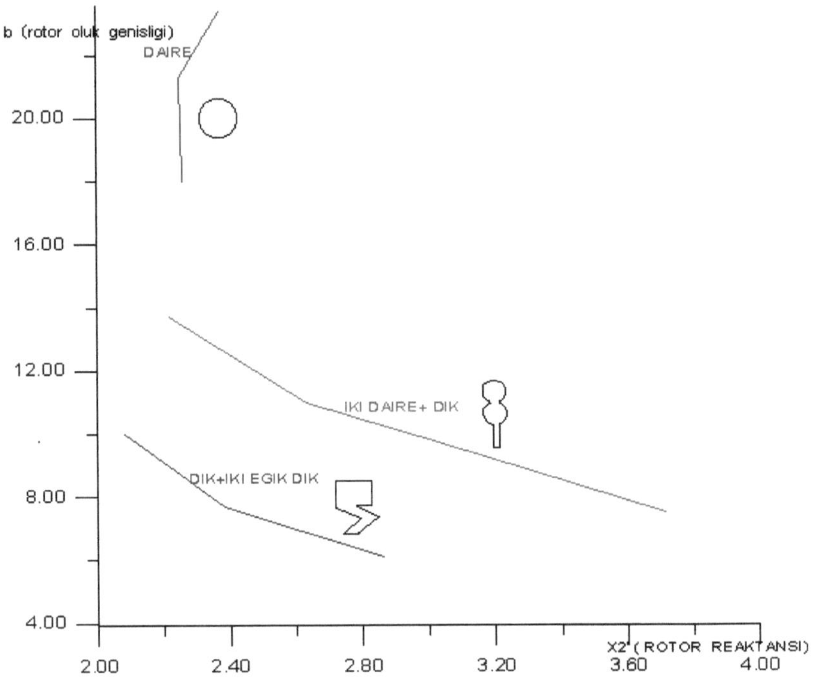

Şekil 3.3-c Değişik rotor oluklarının oluk genişliği - reaktans arasındaki değişimi

Şekil 3.3 –c'de İçinde dikdörtgen geometriye sahip iki oluk "dik + iki eğik dik" ve "iki daire + dik" olukda genişlik azaldıkça, oluk reaktansı artmaktadır. Formül (3.6)'dan rotor oluk kesiti sabit olduğu için oluk genişliği azaldıkça oluk yüksekliği artacaktır. "Daire" olukta ise reaktans değeri, derin oluk katsayısı sebebiyle bir miktar azalmıştır. Şekil 3.3-b'de bahsedildiği gibi bu sonuçta daire oluk için şekil 3.3-c'de görüldüğü derin oluk katsayısı sebebi ile bir miktar azalmıştır, bu sabit bir değere yakın azalma, daire oluk için beklenen bir neticedir.

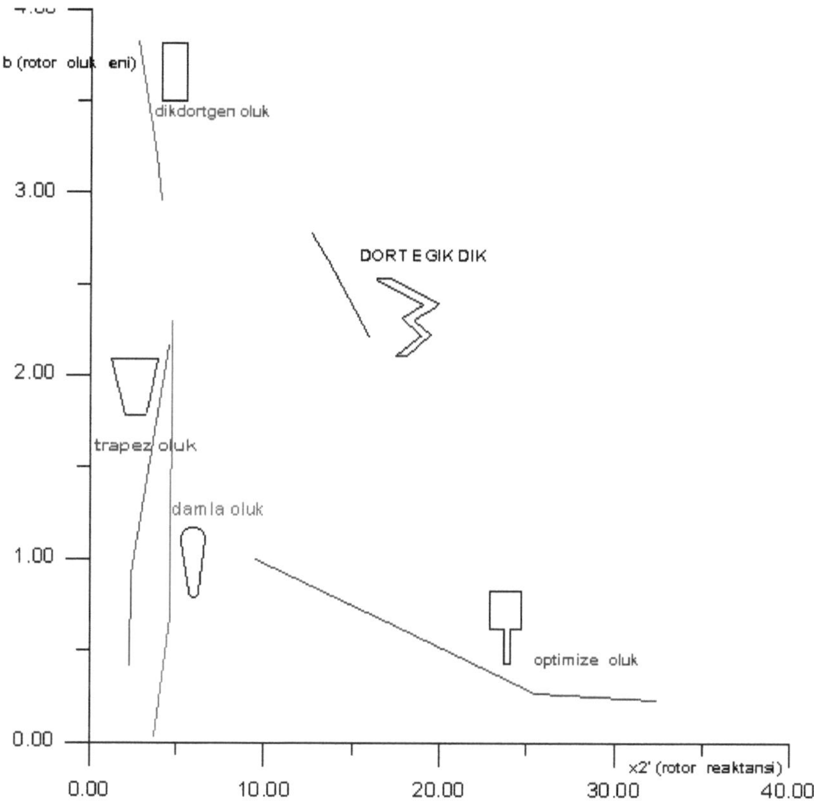

Şekil 3.3-d Değişik rotor oluklarının oluk genişliği - reaktans arasındaki değişimi

Şekil 3.3 a-b-c-d'de elde edilen şekillere göre bir karşılaştırma yapılacak olursa; şekil 3.3 a-b'de görüldüğü gibi oluk yüksekliği arttıkça reaktansı artan oluklar; dikdörtgen geometriye sahip veya oluk kombinasyonlarında dikdörtgen bir parça bulunduran oluklardır. Bu olukların içinde oluk yüksekliği ile reaktansı ençok artan oluk da "optimize" olukdur. Trapezodial geometriye sahip veya içinde trapezoidal geometri taşıyan olukların reaktansı, oluk yüksekliği arttıkça daraltılan oluk eni çarpan olarak geldiği için düşmektedir. Referans olukda bu tip oluklar sınıfına girmektedir. Şekil 3.3-a ve şekil3.3 –c'de görüldüğü gibi daire oluğun endüktansı oluk ebatlarıyla (yarım daire oluklarda bu gruba girmektedir) değişmemektedir. Daire veya yarım daire olukların endüktansı açıya bağlıdır ve bu tür oluk geometrisi bulunan olukların permeans değerleri sabit sayılardır. Şayet oluk tam daire ise permeans değeri 0.6231, yarım daire ise 0.1424 (yarım daire permeans hesabı açı değeri 0'dan π'ye kadarsa 0.1424, π'den 2π'ye kadar değişiyorsa 0.7792) alınır. Şekil 3.3 c-d'de damla ve trapez oluk oluk genişliği ile reaktans doğru orantılı artmıştır. Daire olukta oluk geometrisi ile direnç değişmemiştir. Dikdörtgen geometriye sahip veya içinde dikdörtgen geometri bulunduran oluklarda oluk genişliği ile reaktans ters orantılı olarak artmıştır. Oluk reaktansı arttırılarak zaman harmonikleri elimine edilmek istenen bu çalışmada, şekil 3.3 a-b ve şekil 3.3 c-d gözönüne alınırsa, trapezodial geometriye sahip oluklar, tam ve yarım daire geometrisi bulunan oluklar, oluk optimizasyonu yapılırken gözönüne alınmamışlardır. Dikdörtgen oluk ise, motorun erken doyuma gitmemesi için, oluk eni rotor miline doğru daraltılarak yapılan bir çalışma sonucu optimize edilmiştir. Oluğun rotor miline doğru daraltılmasının sebebi motorun erken doyuma gitmesini engellemektir. Bu daraltma optimize oluğu oluşturmanın ilk adımı olmuştur. Bu çalışmadan sonra değişik dikdörtgen oluk tasarımları incelenmiştir.

3.3.1 Zaman Harmoniklerinin etkisi düşürülmüş ve Optimize Edilmiş Yeni Bir Oluk

Bir önceki bölümde, motor rotor geometrisinin değiştirilerek zaman harmoniklerinin etkilerinin düşürülebileceği anlatılmıştır. Bu bölümde de bu çalışmaların ışığı altında zaman harmonik etkileri düşürülmüş, dolayısıyla kayıpları azaltılmış en iyi oluğun optimize çalışmaları yapılmıştır.

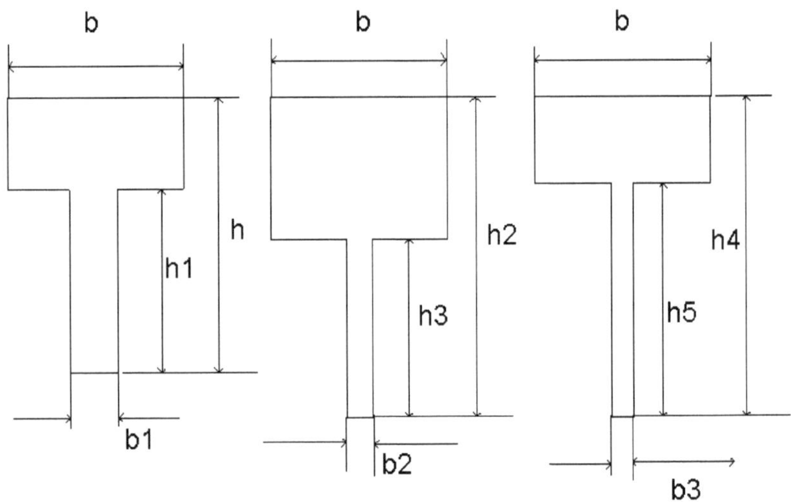

Şekil 3.4 Dikdörtgen oluğun optimizasyonu için geometrisi üzerine yapılan çalışmalar

Harmonik etkilerin düşürülmesi çalışması yapılırken, akım zaman harmonik değerlerini azaltmak için rotorun reaktansı ve direnci arttırılır. Derin oluklu rotorda hem reaktans ve hem de direnç artar. Ancak reaktans artarken, diğer taraftanda derin oluk katsayısı sebebiyle reaktans değeri bir miktar azalma da gösterir. Ancak 5. ve 7. harmoniklerin yüksek reaktans değerleri yanında bu azalma çok düşüktür. Şekil 3.4'deki Oluklar iki bölümlü olup; üst bölüm akım yoğunluğunun iyi dağılabilmesi için kalın ve kısa, alt bölüm reaktansı arttırmak için ince ve dikdörtgen olarak tasarlanmıştır. Bu yaklaşımların sonucunda direnç ve reaktans artmıştır. Bu konuda yapılan teorik çalışmalar Bölüm 2'de anlatılmıştır. Şekil 3.4'deki oluklar akım yoğunluğu, doyma ve verim etkileri gözönüne alınarak optimize edilmiştir. Optimizasyon konusunda değişik teoriler vardır. Bunların başında rotor akımının stator akımına indirgenmesinin belli değerler arasında tutulması, rotor ve stator magnetik alanlarının belli bir değerde olması, mmk'nın en büyük değerine getirilmesi, değişik rotor iletken malzemeleriyle maliyet hesabının yapılması veya rotor reaktasını düşürmek için oluğun kısa ve kalın yapılması bu yaklaşımlardan sadece birkaçıdır[9,45,47,48]. Bu çalışmada motor verimini maksimum yapacak rotor oluk rektans değeri, optimize oluk geometrisinin oluşturulmasında temel olmuştur.

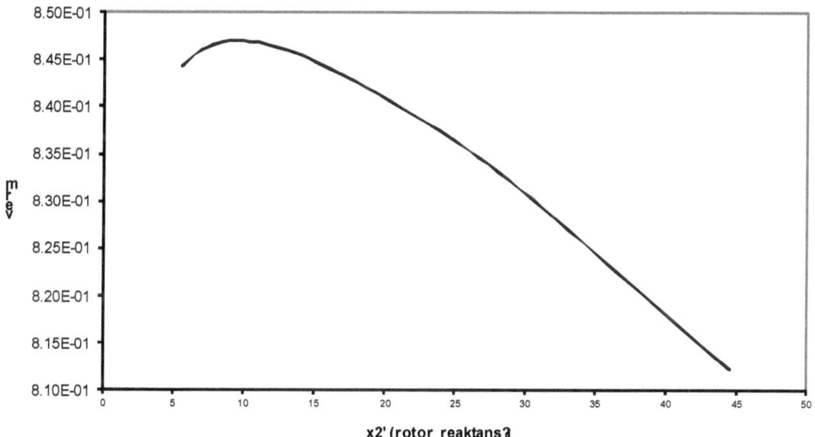

Şekil 3.5 motor verimi(η) ile rotor reaktansı (X_2') arasındaki garfik

Şekil 3.5 'deki verim – reaktans grafiği çizilirken deneme yanılmaya dayalı bir iterasyon yapılmıştır. Bu çalışmadan sonra çok değerli olan bu fonksiyon hem reaktansı büyük dolayısıyla zaman harmonikleinin genliği düşürülmüş, hemde oluk ebatları sanayide uygulaması yapılabilecek bir reaktans değerine ayarlanarak oluk optimizasyonu yapılmıştır.

$$\eta = \frac{P_{gi} - P_{cut}}{P_{gi}} \qquad (3.8)$$

Verim formülü (3.8)'den $P_{çı} = P_{gi} - P_{cut}$ 'dan pay ve paydaya çıkış ve giriş gücünün açık değerleri yazılırsa

$$\eta = \frac{\dfrac{E_2^{'}}{\sqrt{(R_2^{'}/s)^2 + (x_2^{'})}} \dfrac{R_2^{'}(1-s)}{s}}{V_1 \dfrac{V_1}{\dfrac{(Z_r^{'} Z_m)}{(Z_r^{'} + Z_m)} + Z_s} \cos\varphi} \tag{3.9}$$

elde edilir. Bu formülde de görüldüğü gibi rotor oluk reaktansının artması akım zaman harmonik bileşenlerinin genliklerinin değerini azaltarak toplam kayıpların azalmasına sebep olur. Ancak formül (3.8) ve (3.9)'dan görüldüğü gibi giriş gücüde, çıkış gücüde azaldığı için verim istenilen yüksek değerlere çıkamaz. Formül (3.9)'dan incelendiği takdirde verim reaktans fonksiyonun lineer değil ters parabolik bir fonksiyon olduğu görülür. Verim değeri kayıpları azaltarak belli bir değere kadar çıkar bu değerden sonra kayıplar azalmasına karşılık verim değerleri düşme gösterir şekil 3.5.

Bu çalışmayı yapabilmek için Mikrosoft Developing Fortran Programlama diliyle bir program yazılmıştır. Bu programın sonucunda oluşan, optimize edilmiş oluk şekil 3.6 a –b 'de gösterilmiştir.

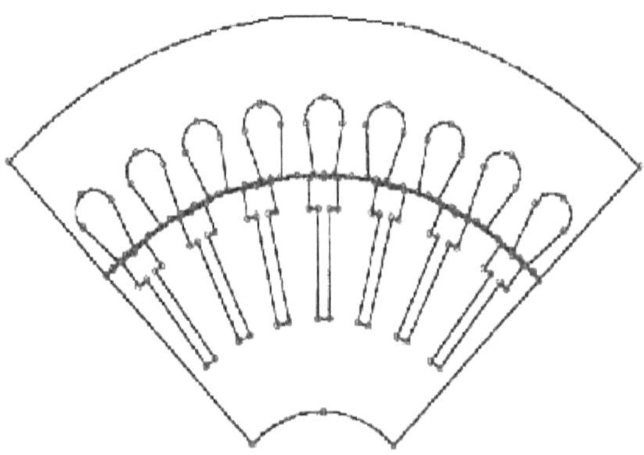

Şekil 3.6-a Optimize edilmiş rotor oluğunun Oersted simülasyon programında çizilmiş, ¼ geometrisinden bir kesit.

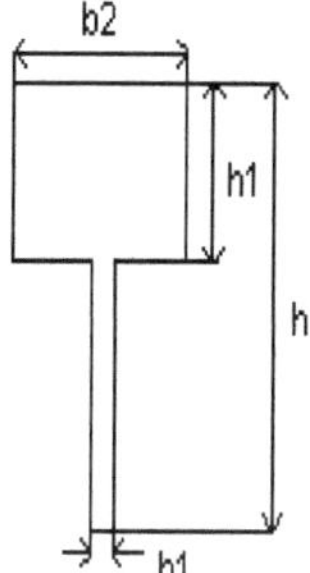

Şekil 3.6-b Optimize edilmiş rotor oluğu

Şekil 3.6'deki oluğun; oluk başının geniş olmasının sebebi hem motor parametrelerini mümkün olduğu kadar sabit tutmak, özellikle de motor çıkış gücünü ve motor verimini, hem de başlangıç anında rotor oluğunun ağzında toplanan akımın aktığı yüzeyi genişletmek, dolayısıyla akımın daha az dirençle karşılaşmasını sağlamaktır. Oluğun; rotor merkezine doğru daralmasının sebebi ise, reaktansı arttırarak harmonik kayıpları azaltmaktır. Bu şekilde harmonik kayıpları %90 oranında azaltmamız mümkün olmuştur. Yapılan fortran analiz programıyla bu oran kanıtlanmıştır. Ancak bu şekilde bir azalma motor parametrelerini çok etkilemektedir. Bu gözönüne alınarak motor verimi ile reaktansı arasında elde edilen eğriden, motor veriminin maksimum olduğu reaktans ve ona uygun oluk şekli ve boyutları elde edilmiştir. Keskin kenarları imalatta yapma zorluğu bulunduğu için, keskin kenarlar ihmal edilecek bir şekilde yuvarlatılmıştır. Ayrıca harmonik eliminasyonu sonucu gürültüde, optimize edilmiş rotorlu motorda ki gürültü referans oluğa göre az olacaktır[21,44]..

Birçok makalede verimi arttırmak için hem iletken malzeme ile ve hem de makina geometrisiyle çalışmalar yapılsada, bu çalışmaların sonucunda ortaya çıkan ve çalışmak için ağırlık verilen konu, makinanın verimini arttırmak için en iyi yolun, oluk geometrisiyle analiz yapmak olduğudur[49]

Şekil 3.5'de eğrinin maksimum olduğu noktadaki reaktans değeri, verimin maksimum olduğu noktayı verir. Ancak bu eğride özel bir durum vardır. O da eğri çok değerli bir fonksiyondur. Bu eğrinin fonksiyonunu yazmak istersek $\eta = AX_2'^2 + B X_2'^2 + C$ olur. Yani verim ile reaktansın değişimi ters parabolik bir fonksiyondur.

3.4 Harmonik Moment ve Harmonik Kayıplar

Motorun stator bölümünün demir kayıplarının harmonik mertebesi ve frekansıyla değişmediği kabul edilerek, stator demir kayıplarını gösteren direnç ihmal edilecektir.

Şekil 3.1'deki eşdeğer devreyi, eşdeğer empedansları bulmak için yeniden düzenleyerek, şekil 3.7'deki eşdeğer devreyi elde ederiz. Terminal uçlarından bakıldığı zaman

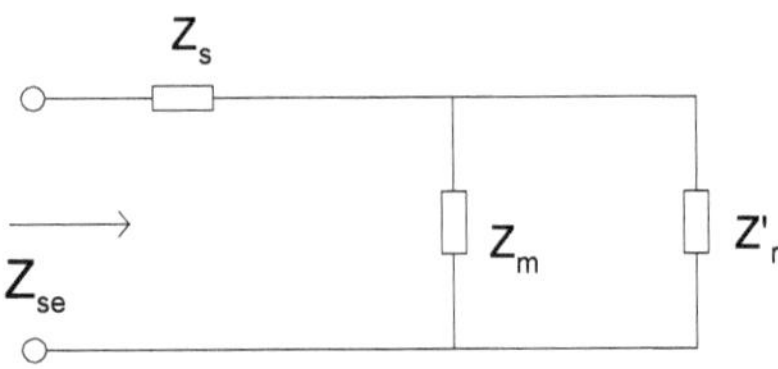

Şekil 3.7 - Empedanslar cinsinden eşdeğer devre

Z_{sev}, Z_{se} direncinin ν. harmoniğinin empedans değeri olduğuna göre

$$V_{\nu} = I_{1\nu} Z_{se\nu} \tag{3.10}$$

Z_{sev} ifadesinin açık hali

$$Z_{se\nu} = \frac{(Z_{s\nu} * Z'_{r\nu}) + Z_{m\nu}(Z_{s\nu} + Z'_{r\nu})}{Z'_{r\nu} + Z_{m\nu}} \tag{3.11}$$

$$I'_{2\nu} = \frac{V_{\nu}}{Z_{se\nu}} \frac{Z_{m\nu}}{(Z_{r\nu}' + Z_{m\nu})} \tag{3.12}$$

Z_{rev}, Z_{re} bu direnç ifadesi giriş gerilimi ile rotor empedansı arasındaki ilişkiyi verir

$$Z_{re\nu} = Z_{se\nu}(Z'_{r\nu} + Z_{m\nu}) / Z_{m\nu} \tag{3.13}$$

halini alır. Bu formülasyondan istenilen rotor değerleri kolayca bulunabilir. ν. harmoniğin bakır kayıpları ise aşağıdaki formülasyondan çıkarılır.

$$\left.\begin{aligned} P_{cuv} &= m_1\left(\left(\frac{V_v}{Z_{sev}}\right)^2 R_1 + \left(\left(\frac{V_v}{Z_{sev}}\frac{Z_{mv}}{(Z'_{rv}+Z_{mv})}\right)^2 R'_2\right)\right) \\ P_{cuv} &= m_1 V_v^2\left(\frac{R_1}{Z^2_{sev}} + \frac{R'_{2v}}{Z'^2_{rev}}\right) \end{aligned}\right\} \quad (3.14)$$

$$M_v = \frac{m_1 p}{2\pi f\, v}\frac{V_v}{Z_{sev}}\frac{Z_v}{(Z'_{rv}+Z_{mv})}\frac{R'_{2v}}{s_v}60 \quad (3.15)$$

yardımıyla bulunur. Milde elde edilen faydalı moment, motorda oluşan sürtünme ve vantilasyon ve diğer kayıplar sebebiyle, iç momentten daima biraz düşüktür.

Bu çalışmada makinanın demir direnci ve dolayısıyla demir kayıpları ihmal edilmiştir. Ancak sürtünme ve vantilasyon, ilave kayıplar (stator ve rotor iletkeninde ve saç yüzeyinde oluşan kayıplar) ve çevresel kayıplar hesaplara dahil edilmiştir. Bunun sonucu olarak

$$P_T = P_{cut} + P_{stm+v} + P_{ex} \quad (3.16)$$

eşitliği yardımıyla bulunur.

3.4.1 Salınım Momentleri

Sincap kafesli asenkron motorlarda gürültünün, titreşimin, hız – moment eğrisinde dalgalanmaların olmaması için dikkatli dizayn gereklidir. Rotor ve stator olukları hava aralığı akısı dalgasında harmoniklere sebep oldukları için rotor oluklarının stator olukları ile ilişkisi harmonikleri asgariye indirecek şekilde olmalıdır. Bütün motorlar için, rotor ve stator ilişkisini asgariye indirgeyecek harmonik kobinasyonlarını çıkarmak mümkün değildir. Ancak çok kullanılan ve harmonikleri asgariye indirmiş kombinasyonlar incelenecektir.

Salınım momentlerinin oluşmaması için rotor oluklarının sayısının seçimi çok dikkatli bir inceleme gerektirir. Asenkron motor çalıştırıldığında, rotor dişleri sürekli stator dişlerine doğru hareket eder. Akı yoğunluğunun devirli titreşimleri, rotor ve stator dişlerinde oluşur ve çeşitli akutik etkilere neden olur (vızıltı, uğultu, ıslık sesi vb). Ayrıca rotor ve stator dişlerinin eksenleri stator çevresinde verilen bir noktada aynı zamana rastladığında stator ve rotor arasında bir tek yönde çekme kuvveti baş gösterir. Rotor döndüğünde bu kuvvet hava aralığında belirli bir hızda hareket eder ve rotorda salınımlara sebep olur. Rotorun sabit hızında bu salınımlar, rotorun doğal osilasyonları sonucu tınlamaya başlar. Bu şekilde istenmeyen olaylara sebebiyet vermemek için rotor olukları analizinde

$$Q_1 - Q_2 = \pm1\pm2p \qquad (3.17)$$

Formülasyonu kullanılmaktadır. Bunun gibi birçok formülasyon ve sonuçta da kombinasyon bulunmaktadır. Bu sebeple en çok kullanılan formülasyonlar ele alınmıştır ve referans motor seçilirken bu formülasyonlar motor seçiminde kullanılmışlardır[8].

3.4.2 Parazit Momentleri

Parazit momentlerini düşürmek için rotor ya da stator oluklarının eğikliği çok etkilidir. Hatta bazen motordaki gürültüyü azaltmak maksadıyla eğik olukların zigzag şeklinde yapıldığı da görülmüştür. Bu şekilde rotor çubuklarında rotor boyuna yönde eşit iki kısma bölünmüştür ve bir kısımdaki oluklar diğer kısımlara nazaran bir miktar kaydırılmıştır.

Bunun yanında rotor oluklarının seçimide parazit momentlerini etkilemektedir. En önemli teori oluk harmoniklerini azaltacak yönde bir tercih yapılmasıdır. Bu teoride oluk sayısının artması yönündedir. Oluk sayısının artmasıyla 7. 17. harmoniklerin azaldığı gösterilmiştir. 23. harmonikten sonra harmonik değerlerinde bir azalma gözlenmediği ortaya koyulmuştur[8,14]. Rotor oluk sayısının fazla seçilmesinin başka bir avantajıda, oluk ve zig zig reaktanslarının azalmasıyla devrilme momentinin değerinin artmasıdır. Bunun dışında bazı durumlarda motor yüksüz halde iken motorun normal hızının altında seyrettiği, sürüklendiği bilinir. Aynı derecedeki stator ve rotor harmoniklerinin arasındaki etkileşim sonucu ortaya çıkan bu olay senkron moment olarak adlandırılır[25]. Stator ve rotor olukları arasındaki uyum, Stator oluk sayısı Q_1 rotor oluk sayısı Q_2 ise

$$Q_1 = Q_2 \quad \text{ve} \quad Q_1 - Q_2 = \pm2p \qquad (3.18)$$

Olduğu takdirde parazit momentlerin arttığı görülmüştür[8,13].

Ayrıca rotor sayısının tek sayı olması da istenmez. Sonuç olarak rotor ve stator oluk sayılarının seçimi son derece karmaşık bir problemdir. Referans oluk seçilirken; yukarıda verilen formüller dikkate alınmış olsada, konunun gelişmesi ve tam çözülmesi deneysel olarak mümkündür[8,10].

3.5 Hesaplamalarda Kullanılan Metod

Herhangi bir uygulanan gerilimdeki harmonik kayıp ve harmonik moment ifadeleri formül (3.14) ve formül (3.15) gösterilmiştir. Herhangi bir akım veya gerilim fonksiyonunun harmonik bileşenlerine ayırarak, harmoniklerin değerleri fourier serisi yardımıyla hesaplanabilir. Bu çalışmada asenkron motorun rotor oluk geometrik şekilleri, rotor oluğunun kesitini değiştirmeden (rotor direncini sabit tutarak) , harmoniklerin etkisini azaltmak mümkün olabileceği hem analiz hemde simülasyon sonuçlarıyla gösterilmiştir. Harmoniklerin etkisinin azaltılabileceği geliştirilen analiz programı Fortran Developing Program gösterilmiştir.

Bu çalışmada fourier analizindeki S_ν katsayısı(ν. harmoniğin genliği) V_{1eff} alınarak hesaplar yapılmıştır.

$$V_\nu = V_{1eff} / \nu \qquad (3.19)$$

Kabulü yapılarak, formül (3.14), (3.15) ve(3.16) yardımıyla, herhangi bir harmonigin sebep olduğu kayıp ve momentler tek tek hesaplanabilir. Bunların toplamı makinanın toplam performansını etkiler şekil 3.8'de Fortran Programıyla elde edilen toplam harmonik kayıplar görülmektedir.

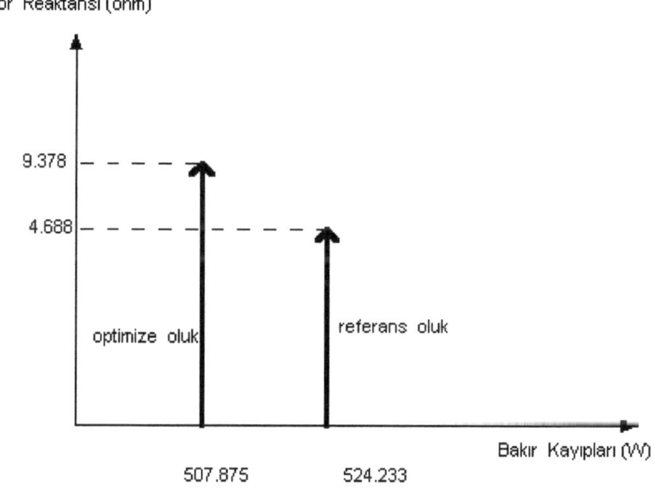

Şekil 3.8- Bakır kayıpları ile reaktansın değişimi

Bakır kayıpları 1., 5., 7., harmonik kayıplarının toplamıdır formül (3.16). Bu değerlere göre reaktans arttıkça, bakır kayıpları düşmektedir. Ancak reaktansı belli değerlere kadar arttırabilmemiz mümkündür, bu değer verim – reaktans eğrisindeki

Şekil 3.3 'da verilen , verim – reaktans eğrisindeki, verimin maksimum olduğu reaktans değeridir. Oluk tasarımıda bu değişim gözönüne alınarak yapılmıştır. Bunun yanında optimize oluğun akım yoğunluğunun yüklü çalışma durumunda, referans oluktan daha iyi çıktığı teorik hesaplarla elde edilmiştir Şekil 3.9-a ve 3.9-b'de teorik değerlere dayanarak çıkarılan eğrileri verilmektedir. Ayrıca derin oluklarda büyük problem çıkaran magnetik doyma olayı, optimize oluk, derin oluk olmasına rağmen, alt kısmı ince olduğu için, makinanın magnetik doyuma gitmesi açısından bir problem oluşturmamaktadır.

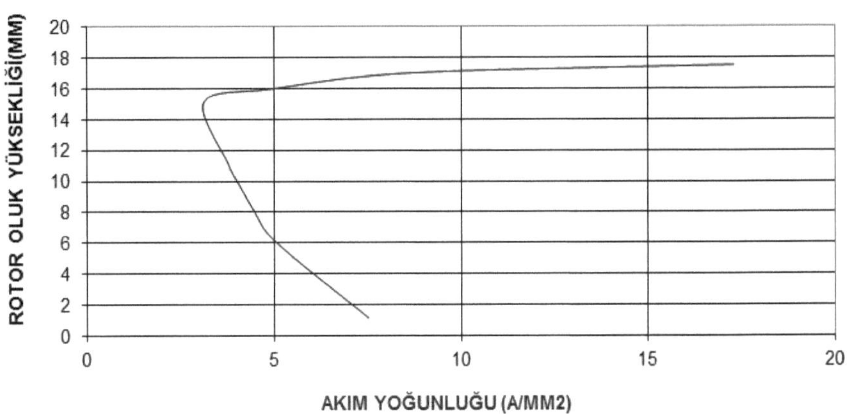

Şekil 3.9-a Referans oluk akım yoğunluğu grafiği

Şekil 3.9-a'dan görüldüğü gibi beklenen bir sonuç olarak, oluk ağzına doğru akım yoğunluğu artmıştır. Akım yoğunluğu analizleri ile optimize oluğun akım yoğunluğu - oluk yüksekliği garfiği aşağıdadır.

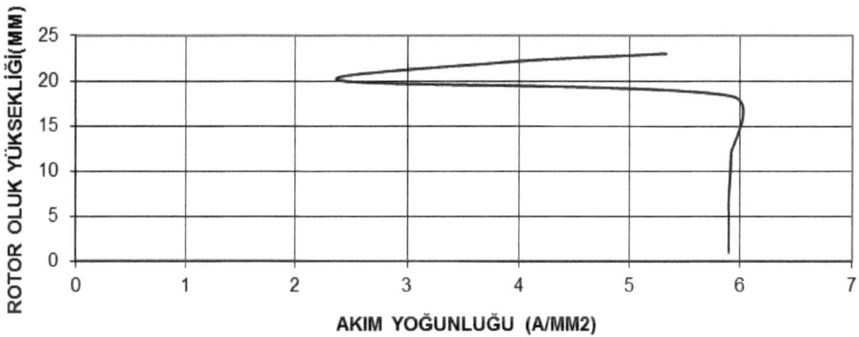

Şekil 3.9-b Optimize oluk akım yoğunluğu grafiği

Referans ve optimize oluğun, oluk yüksekliğinin akım yoğunluğuna bağlı değerleri, nominal yüklü makina için verilmiştir. Şekil 3.9-a ve şekil 3.9-b göre optimize oluğun değerleri, referans oluğun değerlerinden daha iyi çıkmıştır.

BÖLÜM 4-

ANALİZ ve SİMÜLASYON PROGRAMLARI VE DEĞERLENDİRİLMESİ

4.1 Giriş

Bu bölümde fortran programıyla yapılan analiz aktarılacak ve programın akış şeması ve sonuç değerleri verilecektir.

Bölüm 2'de verilen genel formüller ışığında, asenkron motorun fortran programlama dili yardımıyla analizi yapılmıştır. Bu analiz değerlerinden sadece üç değişik oluğun analiz programları alınmıştır. Bu üç oluk diğer oluk kombinasyonlarının temellerini oluşturmaya yardımcı olan oluklardır. Bu olukların analiz tarzı anlaşıldığı takdirde diğer oluklarda kolayca analiz edilebilmektedir.

Oersted simülasyon programı motor hakkında genel bir bilgiden çok noktasal olarak detaylı bir bilgi vermektedir. Oersted similasyon programı ile yapılan motor değerleri, motorun test sonuçları ile karşılaştırılmış ve programın kısa devre ve boşta çalışmada doğruya yakın sonuçlar verdiği, normal çalışma koşullarında ise sonuçların test değerlerinden bir miktar saptığı gözlenmiştir (TEE'de yapılan test sonuçları). Bu değerli sonucun ışığı altında analiz sonuçları sadece kısa devre ve boşta çalışma değerleri için yapılan bu çalışmada doğru sonuçların elde edileceği bu çalışmalarla kanıtlanmış durumdadır. EK.1'de Oersted Simülasyon programı sonucu elde edilen optimize ve referans oluğun değerleri verilmiştir. Optimize ve referans oluk için boşta ve kısa devrede A_z (aksiyal yöndeki vektör Potansiyeli-wb/m) olarak grafikleri ve dataları elde edilmiş daha sonra bu değerler Mathematica programıyla harmoniklerine açılmış ve grafiksel olarak elde edilerek referans oluk ile optimize oluk arasındaki harmonik değerlerin farkı sunulmuştur. Bu çalışmada EK.1' verilen A_z magnetik alan değerinin (B)'nin selenoidal bir yapıya sahip olmasından ötürü bir başka vektör alanında gösterilişidir. Diğer bir deyişle $B=\nabla\times A_z$ dir.

Bu bölümün sonunda, teorik olarak hesaplanan asenkron motor verileri, daha sonra fortran bilgisayar diline aktarılarak, geliştirilmiş ve çıkışlar simülasyon programıyla aynı bulunmuştur. Bu da teorik olarak geliştirilen değerlerin doğruluğunu göstermektedir.

4.2 Fortran Bilgisayar Diliyle Yapılan Analiz Programının Açıklanması ve Sonuçların değerlendirilmesi

Bu çalışmada da harmonik analizini daha kısa sürede daha çok olasılık üzerinde deneyerek daha doğru sonuç elde etmek için Mikrosoft Fortran Developing diliyle bir analiz programı gerçekleştirilmiştir. Bütün mühendislik programlarına uygun olması ve hataların kolayca belirlenmesi sebebiyle bu program, yazılım dili olarak seçilmiştir. Şekil 4.1'de alternatif akımla yapılan analiz programı, akış diyagramı verilmiştir. Üç fazlı sistemlere uygulanan harmonik değerlerin düşürülmesi matematiksel analizi bir fazlı elektrik motorlarınada uygulanır. Hatta büyük güçlü tek fazlı motorların yol alma esnasında kondansatörler kullanıldığı için, filtre görevi gören bu elemanlar motora zaman harmonik analizi çalışmaları yapıldığı takdirde daha iyi sonuçlar da alınır[48].

Bu programda stator verileri teorik olarak hesaplanmış zamandan tassarruf etmek amacıyla programa hesaplama komutu verilmemiş sadece veri olarak değerler girilmiştir. Programda stator verilerinide değiştirmek veya stator parametrelerini hesaplatmak mümkündür. Bunun için sadece, girişte veri olarak verilen değerlerin formüllerini yazmak yeterlidir. Bu aşamadan sonra rotor permeans değerleri hesaplanmaktadır. Bu hesapların yapılışı açık bir şekilde bilgisayara verilmiştir. Bu aşamada rotor oluk geometrisinin herhangi bir bölümüyle programı değişitirmek mümkündür. Daha sonra rotor direnç değerleri hesaplatılmaktadır. Bu değerler hesaplanırken, derin oluklu rotor üzerinde çalışıldığı için, derin oluk katsayılarının cebirsel hesaplarıda analiz programının içinde bulunmaktadır. Programın bundan sonrki kısmında harmonik analizi gelmektedir. Harmonik analizi bölüm 2'de ve bölüm 3'de anlatıldığı gibi 1.,5.,7., harmonikler için yapılmıştır. Ancak yine programa bir “do” döngüsüyle rakamsal olarak daha büyük harmonikleri ilave etmek veya 3. ve üçün katı harmonikler gerekiyorsa, ilave etmek mümkündür. Programın son aşamasında bütün veriler ayrı ayrı dosyalara “write” komutuyla yazdırılmaktadır.

Programa ayrıca moment - devir sayısı, reaktans - verim, kayma - toplam moment, kayma - toplam bakır kayıpları, kayma - toplam kayıplar, kayma - verim grafiklerini çizdirmek mümkündür. Bu çalışma ile ilgili programlardan iki tanesi (referans oluk ile optimize oluk) örnek olarak EK.4'de verilmiştir. Bu çalışmanında verileri için oluşturulan genel akış dıyagramları şekil 4.1 ve 4.2'de verilmiştir.

Programların tam yazılım metinleri EK.4'de verilmiştir. Programlar için yapılan ek çalışmaların (reaktans –verim, toplam moment-kayma....) akış diyagramı şekil 4.2'de verilmiştir.

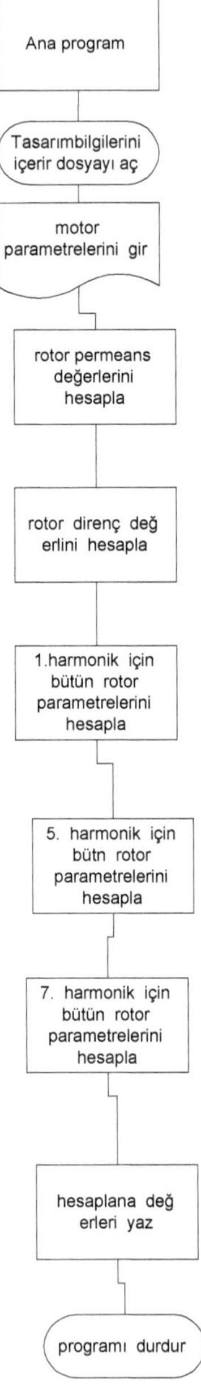

Şekil 4.1 Fortran harmonik ana analiz programı

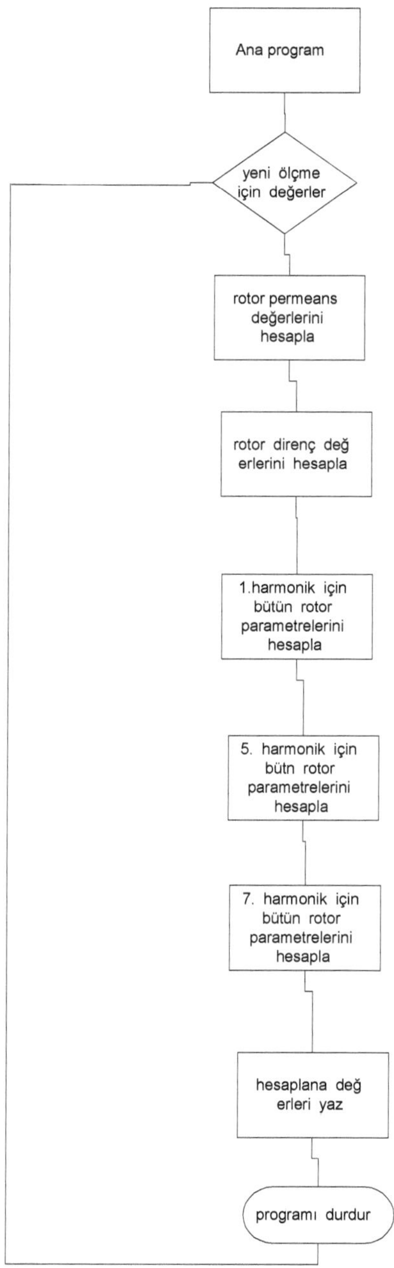

Şekil 4.2 Moment-kayma, reaktans – verim,.... döngüleri için hazırlanan program

Hazırlanan programların yardımıyla, referans oluğun ve optimize oluğun analiz sonuç değerleri tablo 4.1-a ve tablo 4.1-b de verilmiştir.

Tablo 4.1-a Referans oluk çıkış değerleri

	X_2'(reaktans Ω)	R_2'(direnç Ω)	P_{cu2}(bakır Kayıpları)	M_k(moment)
1.harmonik	4.6887	75.704	473.6704	28.5378
5.harmonik	23.3831	1.7908	39.072	-0.074819
7.harmonik	32.6556	2.5050	11.4684	0.0274317

Tablo 4.1-b Optimize oluk çıkış değerleri

	X_2'(reaktans Ω)	R_2'(direnç Ω)	P_{cu2}(bakır kayıpları)	M_k(moment)
1.harmonik	9.3781	75.6975	478.05	27.9768
5.harmonik	46.5441	1.82046	18.908	-0.034264
7.harmonik	64.7069	2.5847	5.58189	0.01283

4.2.1 Fortran Bilgisayar Diliyle Yazılan Referans Oluklu ve Optimize Oluklu Sincap Kafesli Asenkron Motorun İncelenmesi

Analiz çalışmasının bu bölümünde Fortran Bilgisayar diliyle yazılmış rotoru referans oluklu ve optimize oluklu iki farklı motorun grafifsel olarak karşılaştırılması verilmiştir. Grafikler çizilirken x eksenindeki fonksiyon değeri kayma olarak alınmış, motor parametrelerinin kayma ile, dolayısıyla devir sayısı ile olan ilişkisi araştırılmıştır.

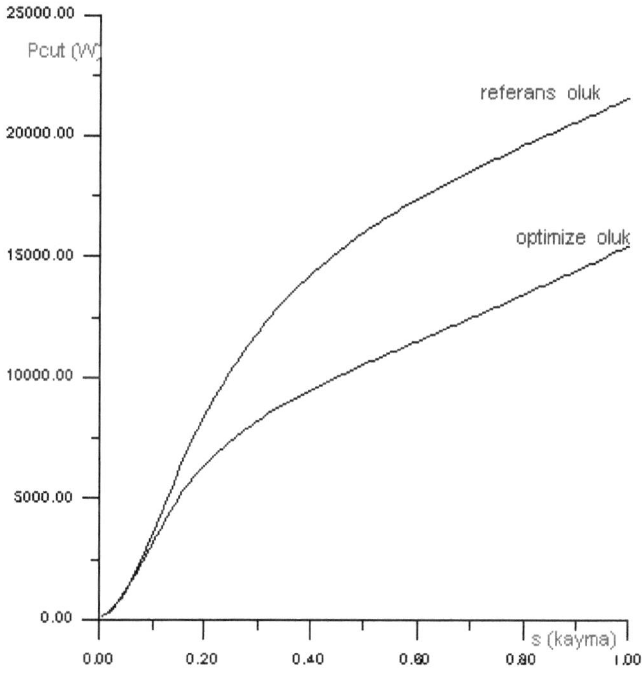

Şekil 4.3 P_{cut} (toplam bakır kayıpları) - s (kayma) grafiği

Bu grafikte optimize oluk için bakır kayıplarının referans oluk bakır kayıplarından düşük olduğu açıkça görülmektedir. Bunun sebebi rotor reaktansının arttıkça filitre görevi görerek rotor zaman harmonik akım değerlerini azaltması ve sonuçta toplam rotor akım değerini akımın karesi oranında azaltarak motorun kayıplarını düşürmesidir.

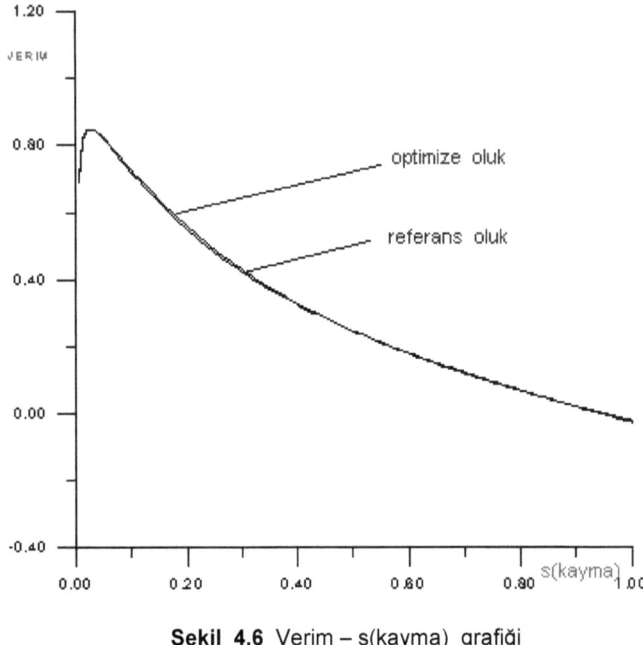

Şekil 4.6 Verim – s(kayma) grafiği

Şekil 4.6 Verim ve s(kayma) arasındaki değerler incelenirse, referans oluk ve optimize oluk için verim grafiklerinin birbirlerine çok yakın olduğu görülür. Ancak motorun, nominal devir sayısında optimize oluğun verim değeri, referans oluğun verim değerinden %0.2 daha yüksektir. Bölüm 3 de anlatıldığı gibi, zaman harmonik kayıp indirgenmesi yapılan oluk, daha sonra optimize edilmiş reaktans değeri oluk geometrisi ile çalışılarak, verim değeri maksimum olan noktaya göre seçilmiştir.

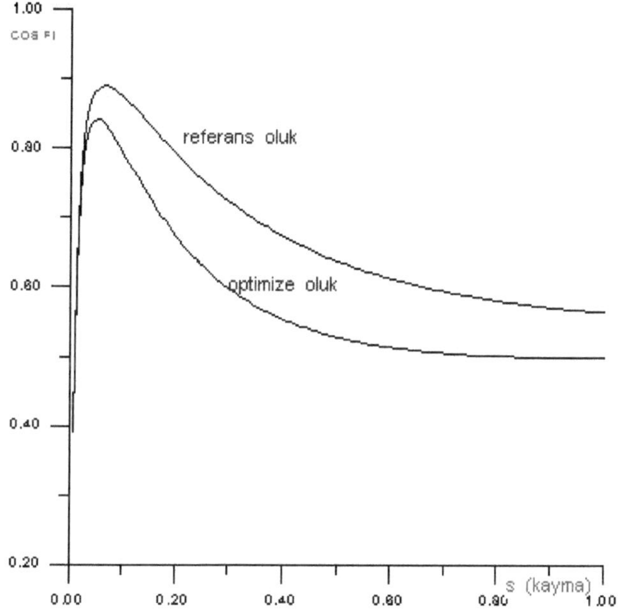

Şekil 4.7 cosφ - s (kayma) arasındaki ilişkiyi veren grafik

cosφ - s(kayma) arasındaki bu grafik moment - kayma grafiğini çağrıştırmaktadır. Moment ve cosφ grafiğinde motorun nominal değerlerinde(s_n =0.028), referans oluğun ve optimize oluğun değerleri birbirlerine yaklaşmaktadır. Motor genelde nominal değerlerinde çalışacağı için bu durum, harmonik kayıpları az verimi yüksek optimize oluk için bir avantajdır.

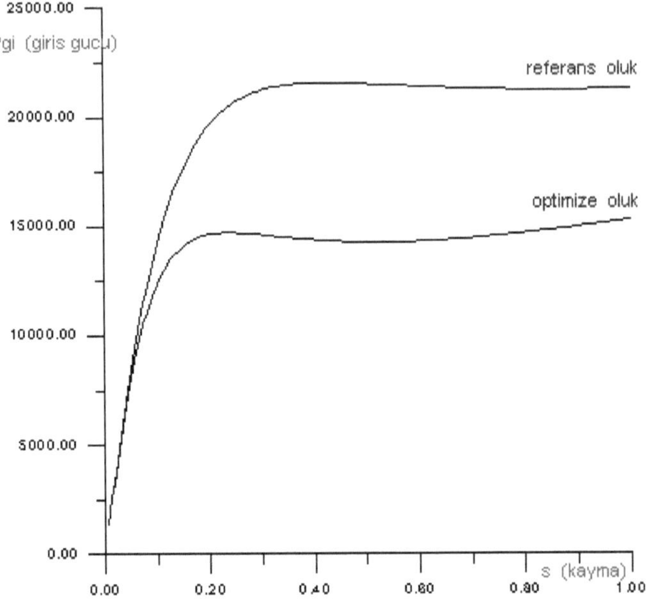

Şekil 4.8 Giriş gücü ile kayma arasındaki grafik

Bu grafikten görüldüğü gibi optimize olukta giriş gücü daha düşüktür. Bunun sebebi cosφ ve çekilen akım düşmesidir. Sonuçta P_{gi} (giriş gücü)'de referans oluğa göre düşüktür. Optimize oluğun çıkış gücü korunarak, giriş gücü referans oluğun giriş gücüne çıkarılırsa verimi çok daha fazla arttırmak mümkündür.

4.4.2 Analiz Programından elde edilen verilerle motorun Statik Var Gücünün ve Kondansatörlerin Kapasitesinin Belirlenmesi

Motorların kompanzasyonu için gerekli kapasite değeri, motorun etiketinde verilen nominal akım ve gerilim değerlerinden S görünür gücünden yararlanarak Q reaktif gücü aşağıdaki şekilde hesaplanır.

$$\left.\begin{aligned} S &= \sqrt{3} * U * I_h \\ Q &= S * Sin\varphi \end{aligned}\right\} \qquad (4.1)$$

Motor üçgen bağlı olduğu için V_1 = U dur. Bulunan Q gücü motorun endüktif gücüne eşit olacaktır. Kompanzasyon şartından $Q_c = Q_L$ elde edilen denklemle

$$Q_c = \sqrt{3} * U * I_c \ \ VAr \qquad (4.2)$$

Kondensatör grubu üçgen bağlı ise,

$$C_{\Delta} = \frac{Q_c}{3 * U^2 * \omega} F \qquad (4.3)$$

Kondensatör grubu yıldız bağlı ise

$$C_{\lambda} = \frac{Q_c}{U^2 * \omega} F \qquad (4.4)$$

Burada;

C : Kondansatörün kapasitesi

U : Şebeke gerilimi (hat gerilimi)

W : Açısal hız

Q_c : Kondansatörün gücü

Motorun kompanzasyonu için motor nominal devir sayısında dönerken gerekli kapasitenin gücü üçgen bağlı durum için incelenecektir, denklem (4.1),(4.2),(4.3),(4.4) kullanılarak referans oluk için, gerekli olan kondansatör güç ve kapasite değeri

$$\left.\begin{aligned} Q &= \sqrt{3} * 380 * 9.37 * 0.567 \ VAr \\ C_{\Delta} &= \frac{3496.768}{3 * 2\pi f * (380)^2} = 25.706 * 10^{-6} F \end{aligned}\right\} \qquad (4.5)$$

bulunur. Aynı denklemler kullanılarak optimize oluk için

$$\left.\begin{aligned} Q &= \sqrt{3} * 380 * 9.53415 * 0.6023 \ VAr \\ C_{\Delta} &= \frac{3779.864}{3 * 2\pi f * (380)^2} = 27.7788 * 10^{-6} F \end{aligned}\right\} \qquad (4.6)$$

değerini alır. Bu sonuçlar motorun nominal performans değerlerine göre çıkarılmıştır. Optimize oluk için cosφ (güç katsayısı) biraz düşmüş, buna karşın sinφ artmıştır, dolayısıyla reaktif güç bir miktar arttığı için, optimize oluk için kullanılan kapasite değeride 2μF büyük çıkmıştır.

4.2.3 Analiz Programından Elde Edilen Verilerle Rotoru Farklı İki Motorun Şebekeden çekilen Güce Göre Maliyetlerinin Karşılaştırılması

Optimize oluk rotorlu sincap kafesli asenkron motorda ve referans oluklu asenkron motorda, aynı miktarda iletken, aynı miktarda demir kullanıldığından maliyetleride aynı olacaktır. Ancak optimize oluğun rotorunun rotor geometrisinde yapılan çalışmalar sonucu, optimize oluklu rotor şebekeden referans oluklu rotordan daha az güç çekecektir. Bu çalışmaların ışığı altında analiz programından elde edilen verilere göre referans oluklu rotorun çebekeden çektiğigice göre sarfiyatı

$$M_r = W_r\,(kWh)\ H\ A\ N(TL/kWh) \tag{4.7}$$

$$M_o = W_o(kWh)\ H\ A\ N(TL/kWh) \tag{4.8}$$

M_r, M_o = Çekilen güce göre ödenmesi gereken parasal tutar
W_r, W_o = Bir saatte çekilen güç
H = Motorların çalışma süresi
A = Motor Adedi
H = Elektrik ücreti (TL/kWh)

Analiz sonuçları rotoru referans oluklu motor için 5.08 kW, rotoru optimize oluk için 4.956 kW bulunmuştur. Bu verilerin ışığı altında formül (4.7),(4.8) kullanılarak, referans oluklu rotor için 1 günde 10 saat çalışarak 1 yılda 300 gün çalışan bir motor için ödenmesi gereken elektrik sarfiyatının parasal tutarı yaklaşık 2.5 Milyar (3675 $), rotoru optimize oluk olan motor için bu miktar 1.0 Milyar (1470 $) olur. Bir atölyedeki motor adedine ve çalışma saatlerine göre bu miktar değişsede, optimize oluklu rotor şebekeden daha az güç çektiği için, bu motor için ödenmesi gereken parasal tutar, referans oluklu rotora göre daha az olacaktır.

4.3 Oersted Similasyon Programıyla Yapılan Analiz Programının Açıklanması ve Sonuçlarının Değerlendirilmesi

Oersted similasyon programı bütün elektrik makinalarını (doğru akım, sürekli mıknatıslı makinalar, senkron makinalar, asenkron makinalar) analiz edebilen bir programdır. Simülasyon programınına önce Oersted 2.6 versiyonuyla başlanmıştır. Ancak bu versiyonda demir kısımları programın kendisi otomatik olarak devamlı lineer aldığı için doğru sonuçlar elde edilememiştir. Çünkü magnetik malzemenin özellikleri zamanla değişmektedir. Daha sonra ise Oersted 5.0 versiyonuyla analiz sonuçları yapılmıştır. Bu sonuçlardan elde edilen veriler Mathematica 4.0 ve 3.0 programlarıyla harmoniklerine ayrılmış ve çizilmiştir. Çizilmiş bu şekiller şekil 4.5-a,b,c,d ve şekil 4.6-a,b,c,d'de referans oluk ve optimize oluk değerleri için verilmiştir. Mathematica harmonik analiz programı ise EK'2 de verilmiştir. Oersted simülasyon programı iki ana bölümden oluşmaktadır. 1. bölüm; analize başlamadan önce dataların verilmesi, 2. bölüm; analiz kısmıdır.

Birinci bölümde iki ana alt bölümden oluşmaktadır. İlk bölümde geometri oluşturmak, ikinci bölümde motorun fiziksel parametrelerini tanımlamak gereklidir. Geometri oluştururken çizgi ek kısımlarını çok iyi yapmak gereklidir. Aksi halde analiz sonuç vermemektedir. Geometri ve edit kısımları, İkinci bölümde ise fiziksel parametreleri oluşturmak gereklidir. Stator ve rotor için malzelerin seçimi gereklidir. Referans oluk demir kısımları saç, stator olukları bakır ve rotor olukları aluminyum olduğu için, optimize oluk içinde aynı malzemeler kullanılmıştır. Ancak simülasyon programının içinde değişik malzeleri için birçok opsiyon mevcuttur. Bunun dışında malzemenin mıknatıslanma eğrisini, permeability değerlerini dışarıdan vermemiz de mümkündür. Bundan sonra zamandan tasarruf açısından geometri için periodiklik tanımlanır. Analiz programı Sınır Elemanları Metodu (Boundry Element Method) çözüm yolunu kullandığı için programa sınırlarda ne kadar eleman kullanılmak isteniyorsa girilir. Bundan sonra kaynaklar için alt alanları oluşturup, kaynakları tanımlanır. Kaynak tanımının gerilim yada akım kaynağı cinsinden verilmesi mümkündür. Analiz programında çoğunlukla akım kaynakları tanımlandığı için, bu çalışmada akım kaynağı, değer olarak girilmiştir. Değer verilirken amper-sarım cinsinden verilir. İkinci bölüm analiz bölümüdür. Bütün veriler programa girdikten sonra anliz çalıştırılır. Bu çalışmada damla oluk için kısa devrede(Locked Rotor-LR) ve boşta çalışmada (No Load-NL) iki ayrı analiz sonuçları elde edilmiştir. Daha sonra aynı verilerle kare oluk içinde LR ve NL değerleri analiz sonucunda bulunmuştur. Analizlerle ilgili şekiller 4.3-a,b ve 4.4-a,b aşağıda verilmiştir. Oersted dosya'ları beş değişik şekilde elde edilmektedir. Bu dosyalardan uzantısı DBS (default database format) olan dosya ile analiz yapılabilmekte, uzantısı IGS, DXF ve IXF olan dosyalar ile, analiz yapılamamakta ancak geometrileri bir yerden başka bir yere taşımak, dosyaları okumak ve saklamak mümkündür. Uzantısı EXP olan dosya ile analiz yapılabilmekte ancak formatı değişik olduğundan bilgileri saklamak için dikte çok fazla yere gereksinimi vardır. Analiz programı motor detaylı sonuçlar vermektedir. Bu sonuçlardan akım yoğunluğu ile A_z (wb/m) vektör potansiyeli grafikleri, harmonik analizi için kullanılmıştır. Burada vektör potansiyeli teriminin kullanılması; bütün hava aralığı yolu boyunca akının bulunması sonucudur. Bu bölümden elde edilen sonuçlar Şekil 4.3-a,b ve şekil 4.4-a,b'da verilmiştir.

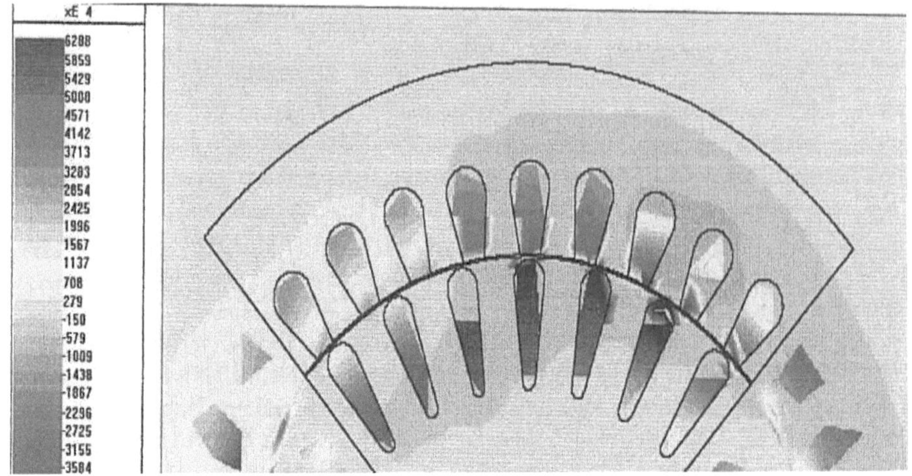

Şekil 4.9 Oersted Simülasyon programı sonucu referans oluğun akım yoğunluğunu gösterir harita

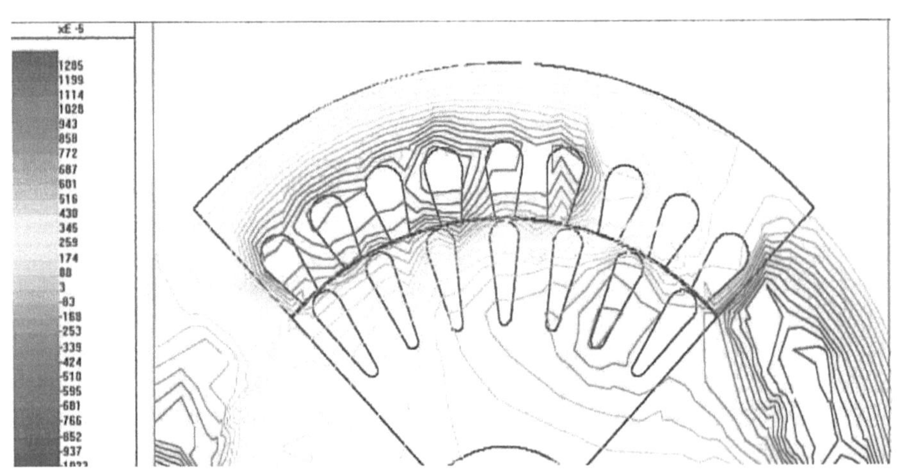

Şekil 4.10 Referans oluk magnetik alan çizgilerini gösteren harita

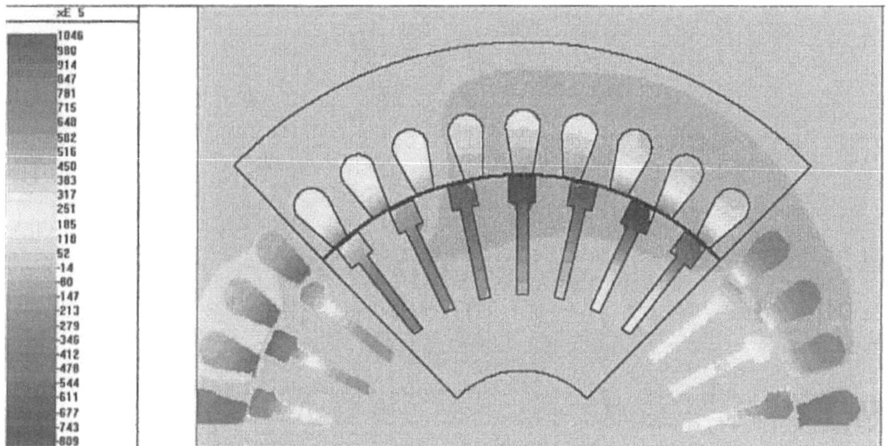

Şekil 4.11 Optimize oluk akım yoğunluğunu gösteren harita

Optimize oluk için alan çizgilerini gösteren harita alınmamıştır. Çünkü referans olukla aynı harita özelliklerine sahiptir. Akım yoğunuluğunda ise bölüm 3'de teorik olarak hesaplanan ve Şekil 3.9-a ve 3.9-b'de verilen karşılaştırmalı şekillerle simülasyon sonrası aynı sonuçlar elde edilmiştir.

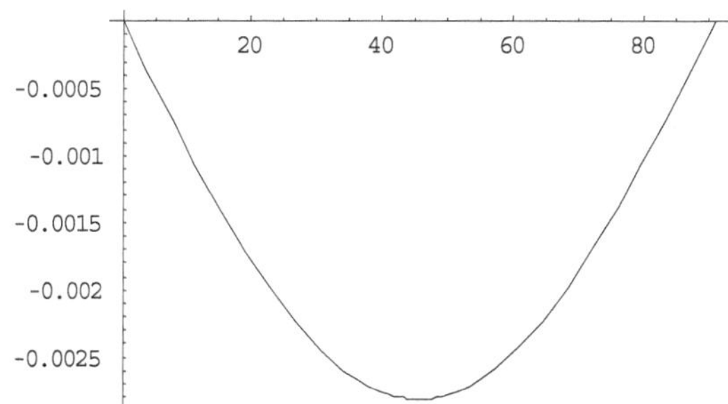

Şekil 4.12-a Referans oluk 1. rotor harmonik değeri

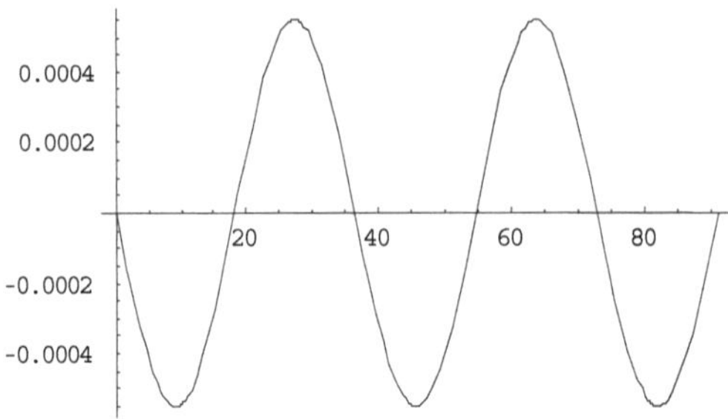

Şekil 4.12-b Referans oluk 5. rotor harmonik değeri

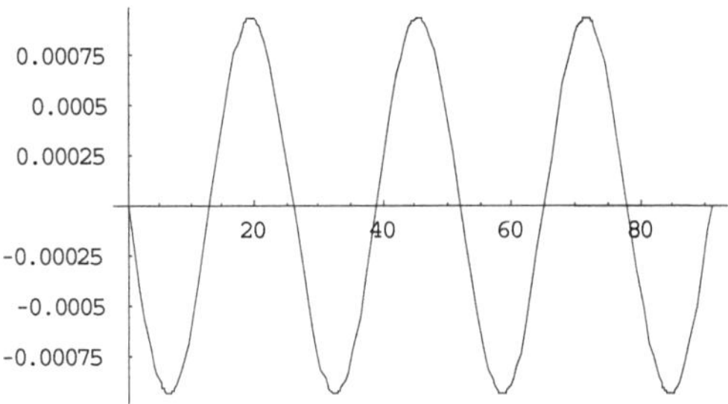

Şekil 4.12-c Referans oluk 7. rotor harmonik değeri

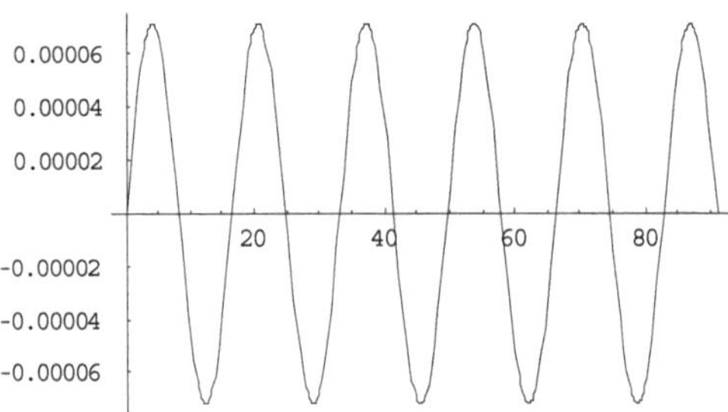

Şekil 4.12-d Referans oluk 11. rotor harmonik değeri

Optimize oluk harmonik değerleride aşağıdadır.

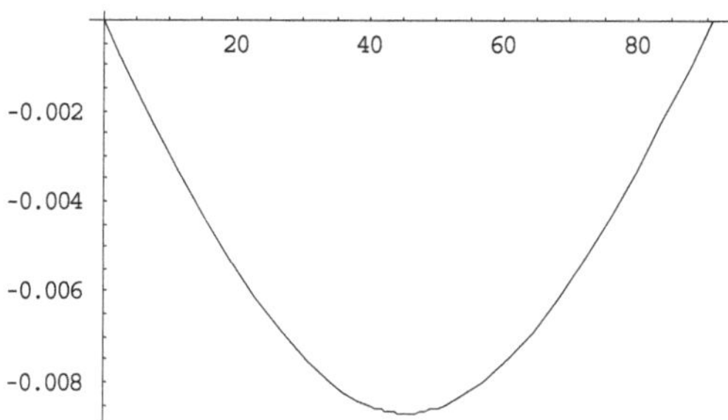

şekil 4.13-a Optimize oluk 1.harmonik değerleri

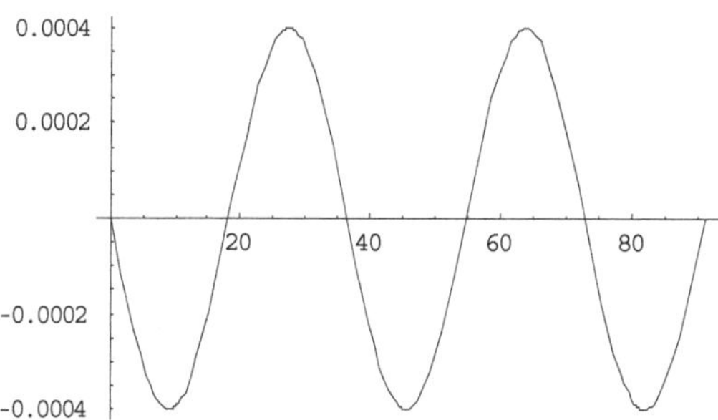

Şekil 4.13-b kare oluk 5 harmonik değerleri

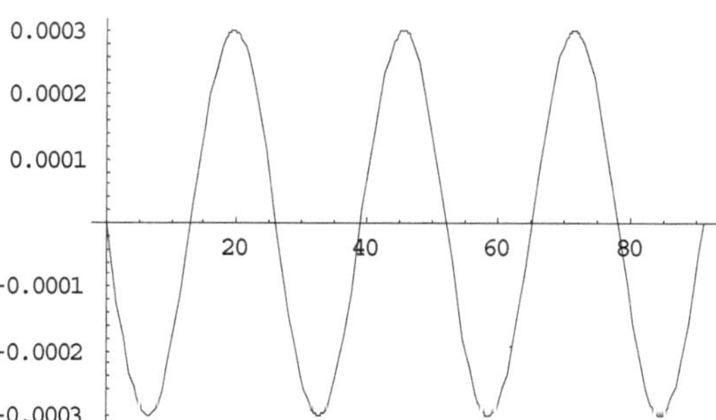

Şekil 4.13-c Optimize oluk 7. harmonik değerleri

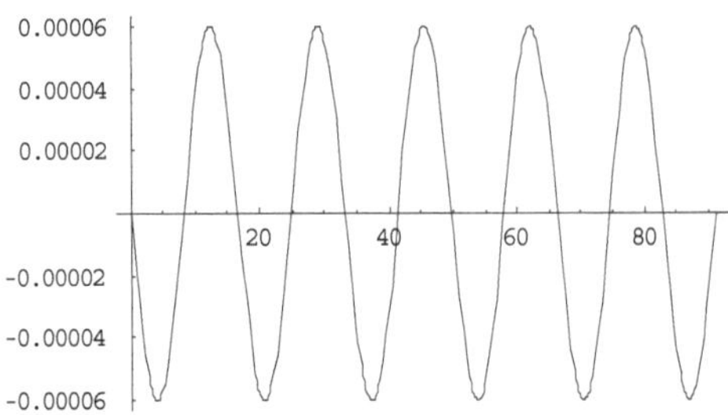

Şekil 4.13-d Optimize oluk 11. harmonik değerleri

Direk olarak simülasyon programı sonucu elde edilen analiz sonuçları ise EK.1'deki şekillerde gösterilmiştir. Bu şekillerde referans ve optimize oluğun A_z (vektör potansiyeli) ve hava aralığı boyunca uzunluğu eksenleri oluşturmuş, her iki oluk şekli içinde boşta ve kısa devre çalışmada grafikleri verilmiştir.

4.4 Analiz sonuçlarıyla, Oersted Simülasyon Programı Sonuçlarının Karşılaştırılması

Bölüm 4.3 ve 4.4'de simülasyon ve analiz sonuçlarının detaylı verileri verilmiştir. Bu veriler sonucunda Fortran Programıyla yapılan analiz sonuçlarının benzeri Oersted Simülasyon programıyla bulunmuştur. Fortran programında harmonik kayıplar hesaplanırken, Oersted simülasyon programında harmonik magnrtik indüksiyon değerleri elde edilmiştir. Tablo 4.1-a ve b'de analiz programı ile bulunan sonuçlarda bakır kayıplarının 5. harmonikte ve 7. harmonikte düşdüğü ve sonuç olarak da bu değerlerin toplam kayıplara etki ettiği görülür. Optimize oluk toplam kayıpları, referans oluğa göre düşmüştür.

Şekil 4.12 –a,b,c,d ve şekil 4.13-a,b,c,d ile karşılaştırma yapılırsa 5. 7. ve 11.harmonik değerlerinin optimize oluk için daha düşük olduğunu görülür. 5.harmonik değer için %27.4, 7. harmonik değer için %47.5, 11. harmonik değer için %24.5' dir. Bu beklenen sonuç, analiz programında da Mathematicayla yapılan program yardımıyla da açıkça görülür. Bu da teorik olarak yapılan incelemelerin ve cebirsel hesapların doğruluğunu gösterir.

BÖLÜM 5

ASENKRON MOTOR TEST SONUÇLARININ REFERANS OLUK VE OPTİMİZE OLUK İÇİN DEĞERLENDİRİLMESİ

5.1 Giriş

Bu bölümde rotoru teorik analiz sonuçlarına göre bulunan ve simülasyon sonuçlarıyla doğrulanan, rotor oluğuna optimize oluk adı verilen sincap kafesli asenkron motorun özellikleri, test değerleri ve yapım aşaması anlatılmıştır.

İki farklı rotor geometrisi için asenkron motorun plaka değerleri Tablo1 ve 2'de verilmiştir.

İki farklı rotorun yapım özellikleri bölüm 5.8'de verilmiştir. Optimize edilmiş rotor oluğun ve referans oluğun oluk geometrileri ve bu geometrilerinin nasıl oluştuğu anlatılmıştır.

Son bölümde ise makina parametrelerinin değişimi incelenmiştir.

5.2 Rotoru Referans ve Optimize Oluklu Asenkron Makinaların Etiket Değerleri

Her elektrik makinası anma değerlerini ve işletme koşullarını gösteren bir plaka taşımak zorundadır. Bir elektrik makinasının plakasında bulunması gereken önemli bilgiler aşağıdaki tablo 5.1 ve tablo 5.2 verilmiştir.

Tablo 5.1 Referans oluk asenkron motorların etiket değerleri

Makina Türü	Motor
Anma Gücü	4 kW
Anma Gerilimi	380/660
Anma Akımı	8.5
Güç Katsayısı	0.82
Anma frekansı ve faz Sayısı	50-3
Anma Devir hızı veya devir hızı aralığı	1450
Verim	0.823
Yapımcı	TEE A.Ş.

Referans oluğun analiz ve etiket değerleri arasındaki oranlar yüzde olarak bulunup, optimize oluğun analiz değerleri ile çarpılarak, optimize oluğun etiket değerleri elde edilmiştir elde edilen bu değerler tablo 5.2 verilmiştir.

Tablo 5.2 Optimize oluk asenkron motorların etiket değerleri

Makina Türü	Motor
Anma Gücü	3.9 kW
Anma Gerilimi	380/660
Anma Akımı	8.0
Güç Katsayısı	0.79
Anma frekansı ve faz Sayısı	50-3
Anma Devir hızı veya devir hızı aralığı	1450
verim	0.827
Yapımcı	TEE A.Ş.

5.3 Rotoru Referans ve Optimize Oluklu Asenkron Motorların Özellikleri

Referans oluklu rotorda oluğun baş ve son yarım daire olan kısımları hem oluk reaktansını belli bir değerde tutmak ve hemde kesim aşamasındaki zorlukları engellemek için bu şekilde tasarımı yapılmıştır. Oluğun orta bölümü trapez şeklindedir ve tamamen elektriksel değerleri istenilen seviyede tutmak için yapılmıştır.

Rotor şekli bölüm 3 şekil 3.6-a,b'de verilen optimize oluklu rotorda hesaplar iki ayrı dikdörtgen gözönüne alınarak yapılmıştır. Yapım aşamasında dikdörtgenlerin sivri uç kısımları teorik hesaplarda ihmal edilecek şekilde yuvarlatılmıştır. Bu yuvarlatma hem oluğun kesimi açısından hemde dolumu açısından gerekli olduğu için yapılmıştır. Oluğun derinliği ise elektriksel ve mekanik açıdan zorlanmayacak şekilde yapılmıştır.

Referans oluk veya optimize oluk olsun olukların yalıtımı; yaklaşık olarak 800^0 'de erimiş alüminyumun oluklar içine püskürtülmesiyle yapılır. Sıcak olarak oluklar içine püskürtülen alümünyum, oluklar içinde soğuyarak büzüşür. Bu şekilde oluk ile iletken arasında micron mertebesinde bir aralık oluşur ve böylece yalıtım sağlanmış olur. Bu işlemin dışında ayrıca oluk yalıtımı kullanılmaz.

5.4 Referans Oluk Test Sonuçları

Referans oluğun test sonuçları tablo 5 .3' de verilmiştir. Referans oluklu rotor hem İTÜ Elek. Müh. Böl. Elek. Mak Lab. ve hem de TEE AŞ'de test edilmiştir. Motorun yüksüz halde testleri, normal çalışma koşullarında testleri, başlangıç anında, kısa devre anında ve maksimum moment ve kayma durumunda test değerleri verilmiştir.

Tablo 5.3 Referans oluk test sonuçları

MOTOR HAKKINDA BİLGİLER

Motor tipi	112M4B					
U(V)	I(A)	P_o(kW)	RPM	F(Hz)	T(Nm)	PF
380/660	8.9/5.1	4	1440	50	26.53	0.83

112 Frame 4 kutup 4kW

YÜKSÜZ DURUMDA TESTLER

U(V)	Ir(A)	Is(A)	It(A)	Iav(A)	Pi(W)	PF
400	5.14	5.56	5	5.23	346	0.095
381	4.49	4.89	4.38	4.58	296	0.098
343	3.35	3.61	3.35	3.43	216	0.106
306	2.74	2.87	2.76	2.79	169	0.114
365	2.36	2.43	2.29	2.36	136	0.126
228	1.93	2	1.95	1.96	114	0.147
190	1.57	1.61	1.58	1.58	87	0.167
155	1.21	1.24	1.22	1.22	65	0.198
116	0.88	0.91	0.9	0.89	47	0.263

I_r, I_s, I_t : hat akım.
U : Voltaj Değeri
I : Akım
Pi : Giriş Gücü
T : Moment
RPM :dev. sayısı
Po : Çıkış Gücü
Eff : Verim
PF : Güç Katsayısı
R : Direnç
T : Sıcaklık

PERFO RMANS TEST LERİ

U(V)	Ir(A)	Is(A)	It(A)	Iav(A)	Pi(W)	T(Nm)	RPM	Po(W)	Eff(%)	PF
399	8.47	9.13	8.85	8.82	4650	25.408	1465	3898	83.83	0.763
399	8.69	9.29	9.09	9.02	4808	26.203	1464	4017	83.55	0.771
399	9.1	9.7	9.44	9.41	5110	27.802	1461	4254	83.24	0.785
380	4.61	5.15	4.83	4.86	1272	5.719	1495	895	70.39	0.397
379	5.59	6.2	5.92	5.9	2424	12.694	1484	1973	81.38	0.626
379	7.09	7.69	7.45	7.41	3666	19.846	1471	3057	83.39	0.754
378	8.44	9.07	8.84	8.78	4638	25.231	1461	3860	83.23	0.807
378	8.89	9.47	9.27	9.21	4925	26.791	1458	4091	83.06	0.817

BAŞLANGIÇ ANI

U(V)	T(Nm)	I(A)
341	50.42	54.9
380	62.09	61.3

DEVRİLME ANI

U(V)	T(Nm)	RPM
351	68.08	1144
380	70.66	1111

5.5 Makina Parametrelerinin değişimi

Referans oluğun analiz ve test değerlerinden aynı şekilde optimize oluğun damla oluğa göre elde edilen test değerlerinden ve analiz değerlerinden görüleceği üzere, aynı nominal devir sayısında optimize oluğun momenti ,çıkış gücü veya mil gücü, cosφ değerleri çok küçük bir değerde azalmıştır. Buna mukabil kayıpları azalmış, verimi artmış ve makinanın yıllık çektiği güce göre masrafı azalmıştır. Optimize oluklu makinada çıkış gücünün, momentinin ve cosφ değerinin azalmasının nedeni; harmonik değerlerin düşürülmesi sebebiyle rotor reaktansının artmasının yanısıra, rotor oluğu derin oluk olduğu için, direncinin de artmasıdır. Motorun verimi optimizasyonla arttırılmıştır.

Motorların verimi optimize olukta %0.1 civarında arttırılmıştır. Verimin az artmasının sebebi sadece rotor oluk reaktnsı ile optimizasyon yapılmasıdır. Harmonik kayıplar çok düştüğü halde motor verimi yükselmemektedir. Buradan çıkan sonuç ; motor verimi harmonik kayıplara bağlı olduğu gibi rotor direncine, stator direncine reaktansına ve dolayısıyla stator permeans değerinede bağlıdır. Diğer parametrelerde değiştirilerek verim daha da arttırılabilinir.

BÖLÜM 6

SONUÇ ve ÖNERİLER

6.1 Motor Parametrelerinin Belirlenmesinde Analiz Sonuçları ile MD3FV3 Bilgisayar Programı Sonuçlarının Karşılaştırılması

Test sonuçları ve simülasyon programı stator ve rotor oluk değerleri ile ilgili bilgi vermediği için referans oluklu motor için MD3FV3 kod adlı, motor parametrelerini detaylı analiz edebilen bir program sayesinde, rotor parametrelerinin cebirsel hesabının kontrolü yapılmıştır.

Tablo 6-1 Referans oluk için MD3FV3 programı ile analiz değerlerinin karşılaştırılması

	Stator oluk empedansı(Ω)	Rotor oluk endüktansı(μH)	Rotor direnci(Ω)	Stator Direnci(Ω)
Referans oluk Md3fv3	1.34	0.365	2.34	4.18
Referans oluk Analiz	1.37	0.508	2.11	3.88

Bilgisayar programı MD3FV3 ile Analiz değerleri birbirleriyle uyumlu çıkmıştır. Stator oluk empedansıları arasındaki fark %2.2 Rotor direnci arasındaki fark % 9.8 stator direnci arasındaki fark %7.2 rotor oluk endüktansı arasındaki fark %23 çıkmıştır.

6.2 Sincap Kafesli Asenkron Motorlarda Rotor Oluk Akım Zaman Harmonik Etkilerinin Düşürülmesi ve Oluk Optimizasyonun Sonuçları

Bu çalışmada değişik rotor olukları için harmonik kayıplar karşılaştırılmış ve zaman harmonik etkilerinin düşürülmesi çalışmaları yapılmıştır. Bu çalışmaların arkasından oluk optimizasyonu yapılarak motorun verimi arttırılmıştır. Rotor zaman harmonik analizi ve optimizasyonu için seçilmiş 26 değişik oluk ve bu olukların değişik boyutları üzerinde çalışılarak analizler yapılmıştır. Bu çalışmaların sonucu olarak oluk geometrileri için

a- Oluk geometrisi sadece daire olan oluklar, akım zaman harmoniklerinin azaltılmasında etkili tip değillerdir. Çünkü bu tür olukların reaktansı sabittir.

b- Sadece trapez veya ters üçgen geometrili oluk veya trapezodial geometri oluk kombinasyonu içinde mevcutsa, yapılan incelemelerle görülmüştürki, oluk derinleştikçe (oluk yüksekliği arttıkça) reaktans, oluk eninin etkisi ile azalmaktadır. Bu tür oluklar zaman harmoniklerinin düşürülmesinde kullanılacaksa oluk mümkün olduğunca kısa yapılmalıdır.

c- Radyal yönde oluk genişliği artan oluklar erken magnetik doyuma erken ulaştığı için kesinlikle derin olarak kullanılmamalıdır.

d- Rotor oluk geometrisinin değiştirilerek zaman harmoniklerinin genliklerinin düşürülebileceği gösterilmiştir.

e- Fortran zaman harmonik programı ile rotor 1. ,5. ve 7. zaman harmoniklerinin rotor değerleri detaylı bir şekilde hesaplanmaktadır. Daha büyük dereceli harmonikleri programa vermek ve hesaplatmak çok kolaydır.

f- Oersted Simülasyon Programı ile zaman harmonik analizlerinin yapılabileceği gösterilmiştir.

g- Fortran analiz programı sonuçlarının doğru olduğu hem simülasyon ve hemde test değerleri ile gösterilmiştir. Bu program sayesinde rotor oluk permeans değerleri, rotor direnci, reaktansı, akım zaman harmonik değerleri, harmonik kayıplar, harmonik moment bulunabilmektedir.

h- Fortran analiz programında stator değerleri sabit olarak girilmiştir. Ancak bu değerleri değiştirmek, stator reaktans veya direnç değerlerini hesaplatmak için programa ek yapmak çok kolaydır.

i- Oluk optimizasyonunun motor verim değeri temel alınarak yapılabileceği gösterilmiştir.

j- Zaman harmonik etkilerinin azaltılması çalışmasında; cebirsel hesaplarla ve Oersted Simülasyon programı ile optimize olukta, akım yoğunluğunun azaldığı görülmüştür.

k- Harmonik kayıpların düşürülmesi sonucu, rotorda meydana gelen ısınmalarda azaltılacaktır.

l- Harmonik kayıpların düşürülmesi motorun şebekeden çektiği gücüde düşürmektedir. Bu durumda maddi açıdan bir kar sağlamaktadır.

m- Harmonik değerlerin genliklerinin düşmesi motordaki gürültü ve titreşiminde düşmesini sağlayacaktır.

n- Fortran Programı ile yapılan zaman harmonik değerlerinin düşürülmesi analizi, aynı zamanda motor parametrelerininde hem çabuk hemde doğru bir şekilde hesaplanmasını sağlamaktadır.

Elde edilen ve yukarıda belirtilen sonuçların ışığı altında aşağıdaki öneriler getirilebilinir.

-Rotor akım zaman harmoniklerinin etkilerinin düşürülmesi gerekli ve önemli bir konudur. Bu şekilde hem motor verimi yükseltilmekte hemde maddi açıdan tassarruf sağlanmaktadır. Bu çalışmada bu konu gerçekleştirilmiştir.

-Rotor reaktansının arttırılması sonucu rotor içinde filitre devresi oluşturulmuştur. Değişik rotor malzemeleri ile değişik filitreler oluşturulabilinir.

-Motor zaman harmonik analizinde, Oersted ve Mathematica programı birlikte kullanılarak, harmonik analizi yapabilen herhangi bir programın doğruluğunu test etme olanağı bulunmaktadır.

6.3 Fortran Analiz programı, Oersted Simülasyon Programı ve Test Sonuçlarının Değerlendirilmesi.

Bu bölümde analiz programından ve test sonuçlarından elde edilen değerler karşılaştırılmıştır. Test değerleri referans oluğa ait olup optimize oluğun test değerleri referans oluk test değerlerinden çıkarılmıştır. Üç ay rotor prototipinin yapılması için beklenmiş, ancak TEE A.Ş. 'deki ankuş presinin bozuk olması, ARÇELİK A.Ş. laser kesicinin kalibrasyonunun bozuk olması ve arkasından da püskürtme makinasının bozulması ve maddi imkansızlıklar nedeniyle başka bir firmada yatırılamadığı için optimize oluğun prototipi yaptırılamamıştır. Bu sebepten optimize oluğun test değerleri referans oluktan çıkarılmıştır. Zaman harmonik analizi Oersted ve Mathematica Programları aracılığıyla yapılmıştır. Bu konuyla ilgili yapılan çalışmalar EK.1, EK-2 ve EK-3'de verilmiştir. Bu çalışmalarda referans oluk ve optimize oluk için aynı analiz programı (Mathematica) kullandığından (sadece veriler değişmiştir) optimize oluğun Mathematica programı verilmiştir. Bu çalışmalarla ilgili sonuçlar Bölüm 4'de verilmiştir.

Harmonik analizi sonucu elde edilen bakır kayıpları 5. ve 7. harmonik değerleri için ayrı ayrı ve toplam moment değeri tablo 6-2'de verilmiştir.

Tablo 6-2 Referans oluğun ve optimize oluğun harmonik ve toplam moment değerleri

	P_{cu} 5. harmonik	P_{cu}7. harmonik	Toplam Moment
Referans oluk	39.07	11.47	28.49
Optimize oluk	19.1	5.64	27.954

Bu değerlere göre 5. harmoniğin bakır kaybı %38.6 7. harmoniğin bakır kaybı %50.8 oranında azaltılmıştır. Toplam moment %1.8 oranında düşmüştür.

Tablo 6-3, 6-4, 6-5, 6-6'de ise analiz ve test değerleri verilmiştir.

Tablo 6-3 Referans oluk test değerleri

V_1 (V)	I_h(A)	n_r(d/d)	cosφ	moment	verim
378	9.21	1458	0.817	26.791	83.06

Tablo 6-4 Referans oluk analiz değerleri

V_1(V)	I_h(A)	n_r(d/d)	cosφ	moment	verim
378	9.32	1458	0.82368	28.49	84.709

Tablo 6-3 ve 6-4'de referans oluk değerleri demir direnci ihmal edilmiş halde hesaplanmıştır. Sürtünme ve vantilasyon ve diğer bütün ek kayıplar 250 W olarak alınmıştır. Bu değer referans oluğun test değerlerinin analizi sonucu elde edilmiştir. Hat akımları %2, cosφ %2, moment %6, verim değerleri %2 oranında değişmiştir.

Tablo 6-5 Optimize oluğun referans oluğa göre test değerleri

V_1(V)	I_h(A)	n_r(d/d)	cosφ	moment	verim
378	9.368	1458	0.7917	26.3138	83.165

Tablo 6-6 Optimize oluğun analiz değerleri

V_1(V)	I_h(A)	n_r(d/d)	cosφ	moment	verim
378	9.48	1458	0.7982	27.954	84.817

Referans oluk için yapılan testler, analiz sonucu elde edilen parametrelerin doğru hesaplandığını ortaya koymuştur. Bir motorun harmonik değerlerini test değerlerinden elde etmek mümkün değildir. Bu sebeple bu çalışmada da harmonik değerlerin elde edilmesi için Oersted ve Mathematica programı kullanılmıştır. Oersted ve Mathematica programlarının neticesinde elde edilen harmonik değerler, Fortran Analiz programıyla elde edilen harmonik değerlerin doğruluğunu göstermiştir.

EKLER:

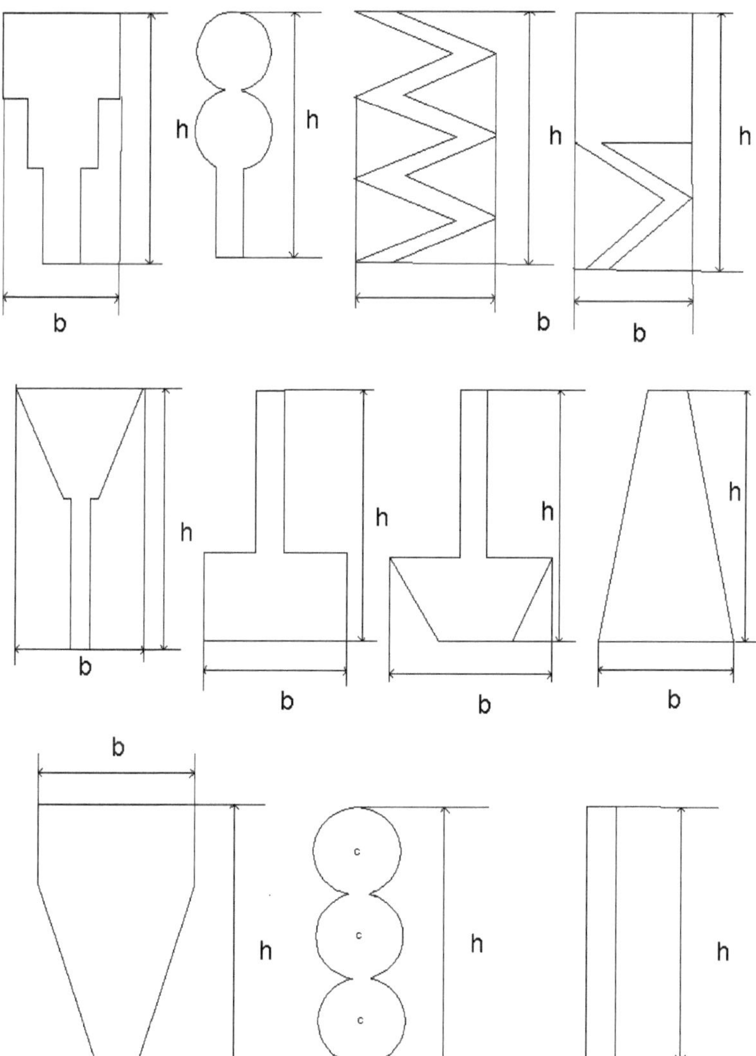

EK.1

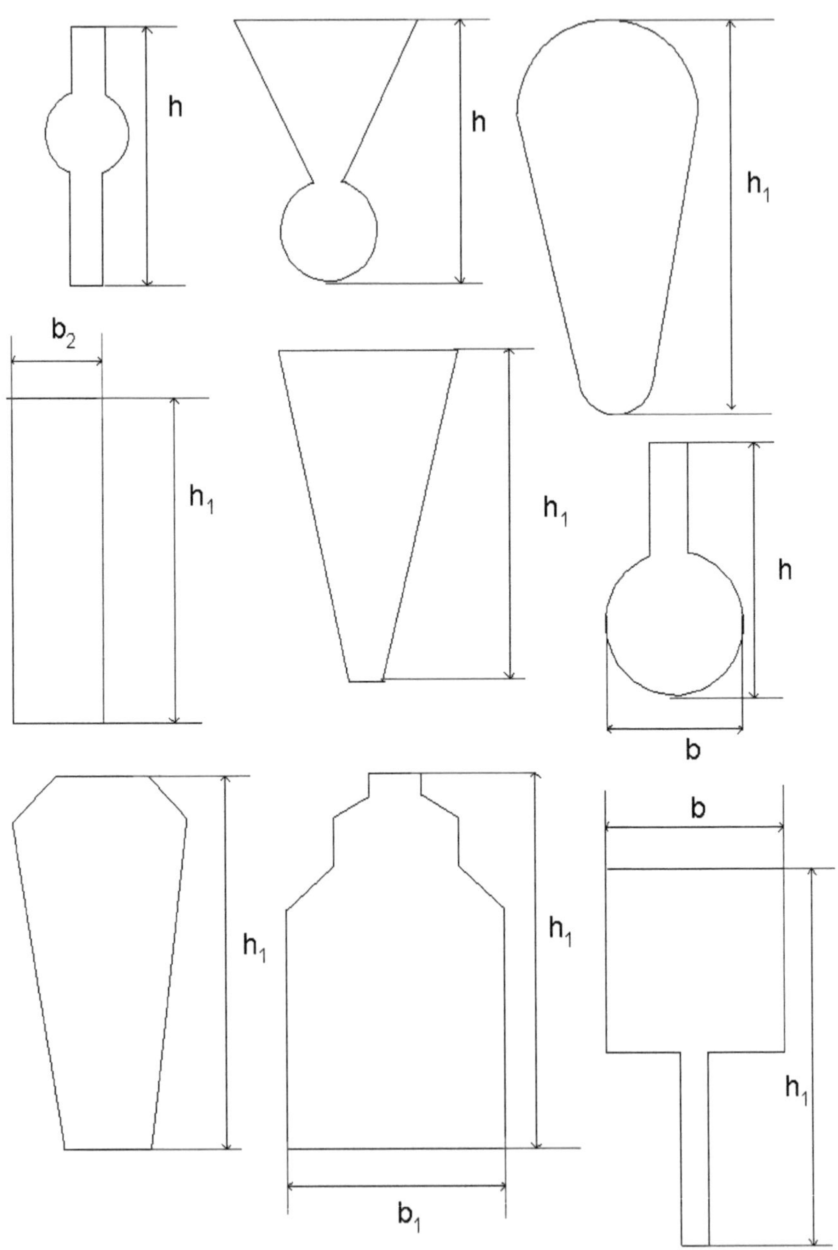
h
h
h_1
b_2
h_1
h_1
h
b
h_1
h_1
b
h_1
b_1

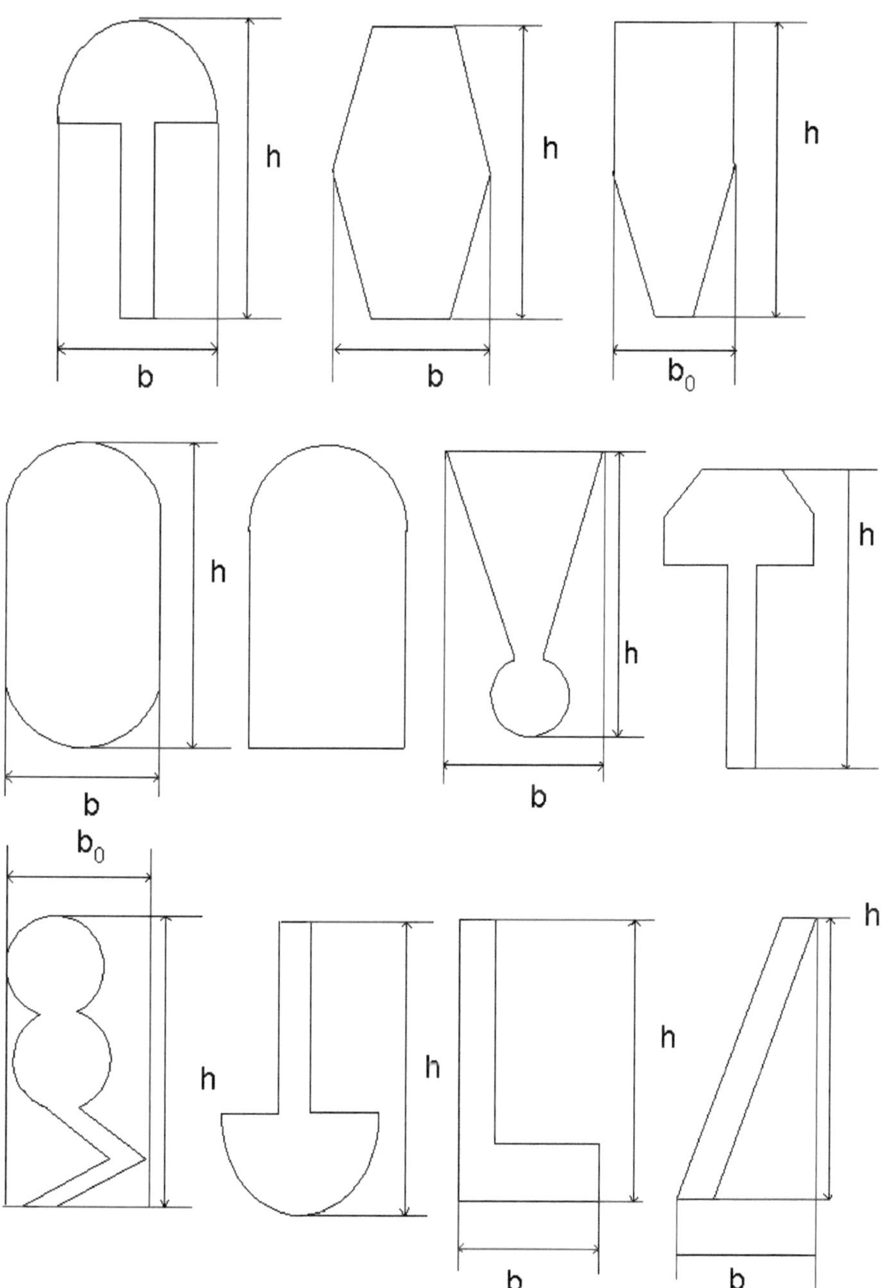
h
b
h
b
h
b_0
h
b
h
b
h
b_0
h
h
h
h
b
b

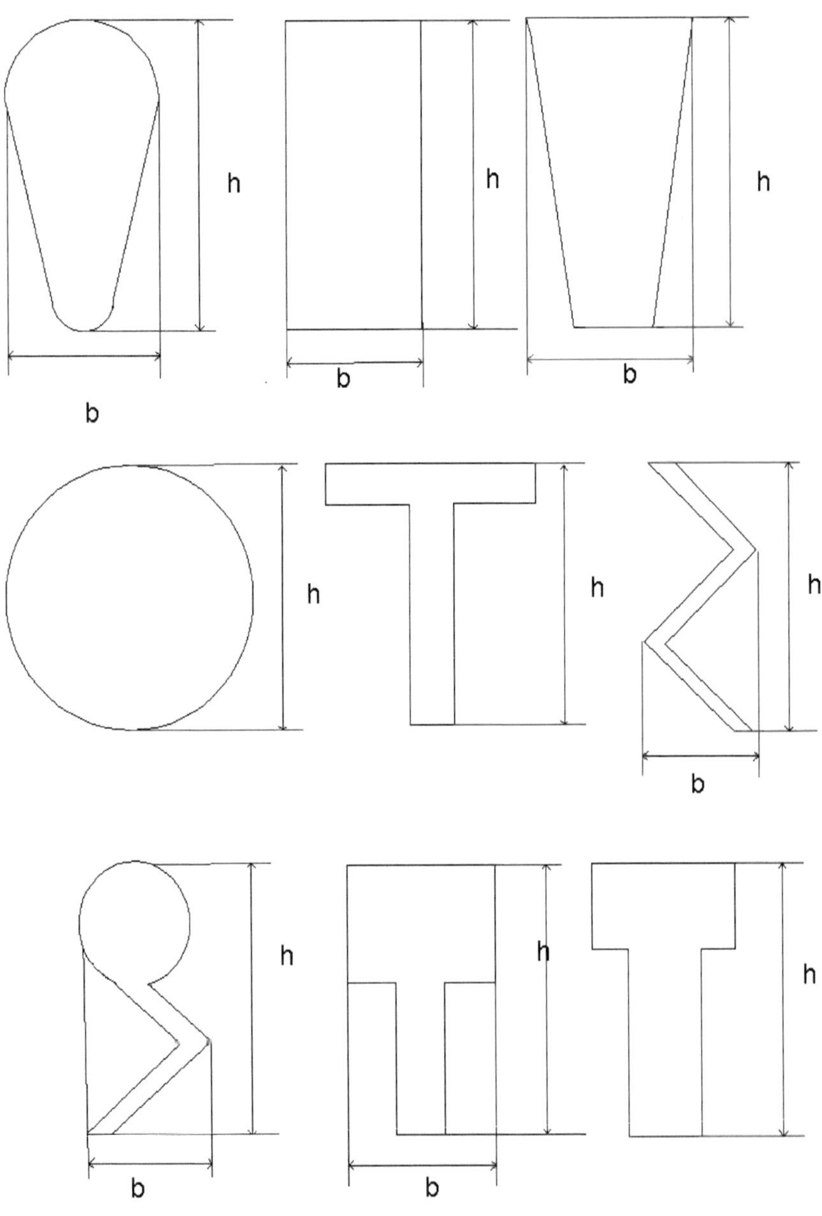
h
b
h
b
h
b
h
h
h
b
h
b
h
b
h

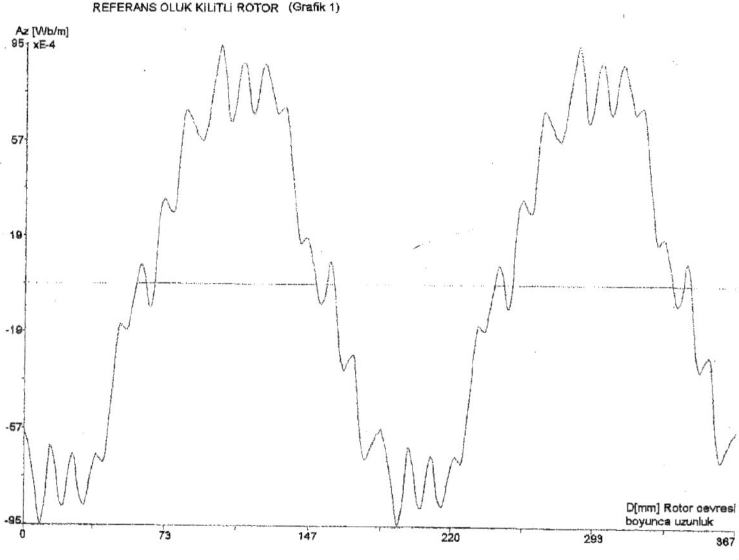
REFERANS OLUK KILITLI ROTOR (Grafik 1)
Az [Wb/m]
xE-4
95
57
19
-19
-57
-95
0
73
147
220
293
367
D[mm] Rotor cevresi boyunca uzunluk

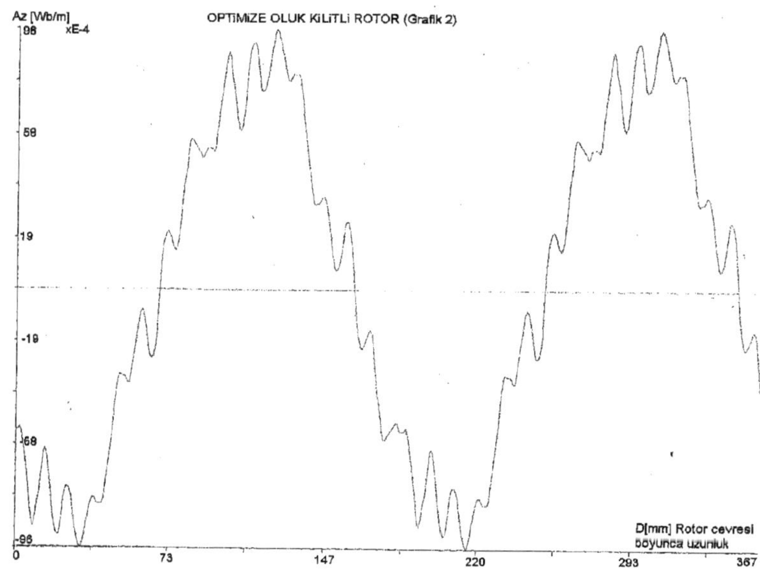
OPTIMIZE OLUK KILITLI ROTOR (Grafik 2)
Az [Wb/m]
xE-4
96
58
19
-19
-58
-96
0
73
147
220
293
367
D[mm] Rotor cevresi boyunca uzunluk

EK 2

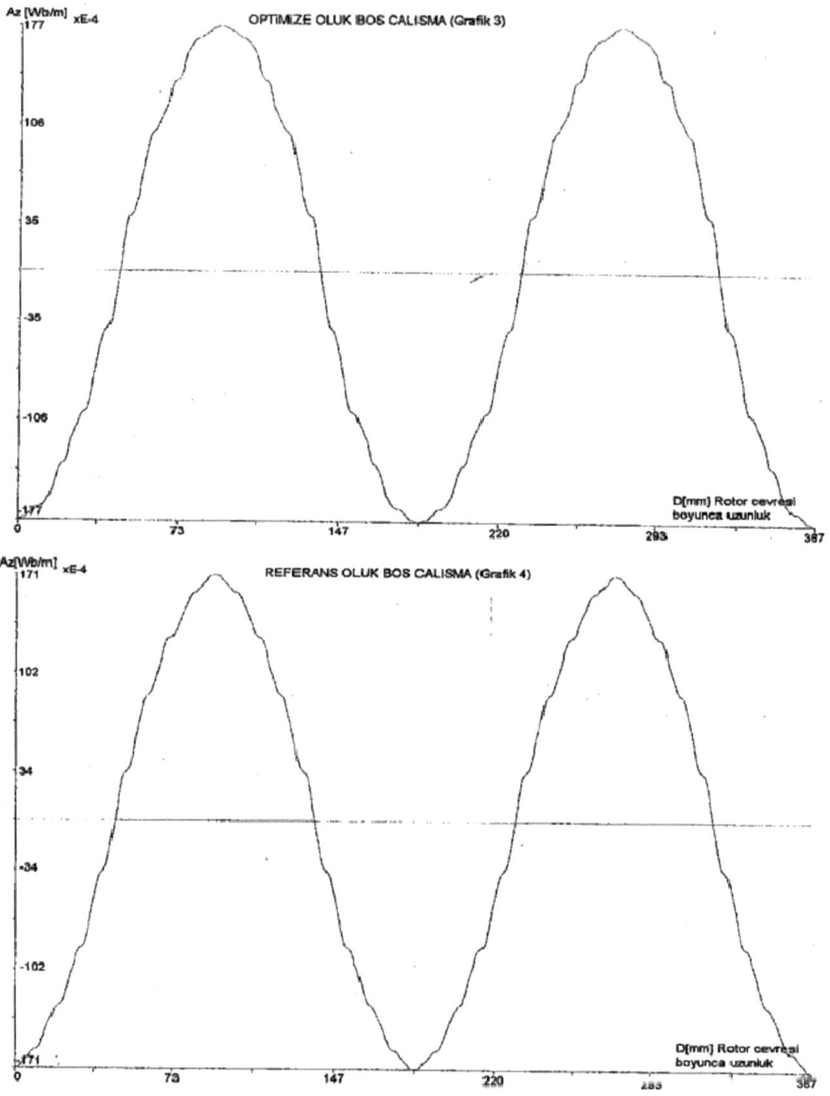
Az [Wb/m] xE-4
OPTIMIZE OLUK BOS CALISMA (Grafik 3)
177
106
35
-35
-106
-177
D[mm] Rotor cevresi boyunca uzunluk
0
73
147
220
293
367
Az[Wb/m] xE-4
REFERANS OLUK BOS CALISMA (Grafik 4)
171
102
34
-34
-102
-171
D[mm] Rotor cevresi boyunca uzunluk
0
73
147
220
367

EK 2

```
C
*****************************************************************************
****
C    * OPTİMİZE ROTOR OLUK H=23.444 mm  oluk  yüksekliği 1.,5., ve
C    * 7. harmonik  direnç, reaktans, güç, moment ve  akımın  bulunması
C    *
C
*****************************************************************************
****
      PROGRAM OPTIMIZE_OLUK_NORMAL_DEGERLER_H3
      IMPLICIT REAL*8(A-H,O-Z)
      COMPLEX(4)X21,X25,X27,XM1,XM5,XM7,X11,X15,X17,I11,I15,I17,I21,
     &  I25,I27,ZT1,ZT2,ZT15,ZT25,ZT17,ZT27
      OPEN(UNIT=6,FILE='DAMR1.DAT')
      OPEN(UNIT=7,FILE='DAMR22.DAT')
      OPEN(UNIT=8,FILE='DAMR3.DAT')
      PI=3.141592654
      XX=7.2923E-6
      F=50.0
      N=1
      Q=69.0
      G=0.028
      HN=4*PI*1E-7
      B1=5.5
      H1=5.0
      B2=2.25
      H2=(Q-(H1*B1))/B2
      H3=H1+H2
      U=27797.0
      HL=0.145
      RR=1.72E-5
      U1=380.0
      XM1=(0.0,131.707)
      R11=3.882
      X11=(0.0,5.3447)
      PSTD=250.0
      SN=1458.0
      SS=1500.0
      S1=(SS-SN)/SS
      F1=S1*F
      DO IJ=1,3
      IF (IJ.EQ.2) THEN
      F1=5*S1*F
      ENDIF
      IF (IJ.EQ.3) THEN
      F1=S1*F*7
      ENDIF
      E=0.1*H3/100*SQRT(HN*PI*F1/(G*1E-6))
      IF (E.GE.2.2) THEN
```

```
R15=R11
X15=5*X11
S5=1+((1-S1)/5)
R25=R255/S5
XM5=5*XM1
ZT15=(XM5*(R25+X25))/(XM5+R25+X25)
ZT25=R15+X15+ZT15
I15=CMPLX(U5/ZT25)
A5=REAL(I15)**2
B5=IMAG(I15)**2
CI5=SQRT(A5+B5)
U25=I15*ZT15
I25=U25/(R25+X25)
D5=REAL(I25)**2
E5=IMAG(I25)**2
FI5=SQRT(D5+E5)
PCU5=3*CI5**2*R15+3*FI5**2*R25
PIM=3*FI5**2*R255*(1-S5)/S5
PM=PIM
SN5=((SS/5)*(1-S1))
OM5=PM*60/(2*PI*SN5)
ENDIF

        IF (IJ.EQ.3) THEN
X27=XK*7*X21
R277=R211*RK
U7=U1/7
R17=R11
X17=7*X11
S7=1-((1-s1)/7)
R27=R277/S7
XM7=7*XM1
ZT17=CMPLX(XM7*(R27+X27))/(XM7+R27+X27)
ZT27=CMPLX(R17+X17+ZT17)
I17=CMPLX(U7/ZT27)
A7=REAL(I17)**2
B7=IMAG(I17)**2
CI7=SQRT(A7+B7)
U27=CMPLX(I17*ZT17)
I27=CMPLX(U27/(R27+X27))
D7=REAL(I27)**2
E7=IMAG(I27)**2
FI7=SQRT(D7+E7)
PCU7=3*CI7**2*R17+3*FI7**2*R27
PIM=3*FI7**2*R277*(1-S7)/S7
PM=PIM
SN7=((SS/7)*(1-S1))
OM7=PM*60/(2*PI*SN7)
ENDIF
```

```
R15=R11
X15=5*X11
S5=1+((1-S1)/5)
R25=R255/S5
XM5=5*XM1
ZT15=(XM5*(R25+X25))/(XM5+R25+X25)
ZT25=R15+X15+ZT15
I15=CMPLX(U5/ZT25)
A5=REAL(I15)**2
B5=IMAG(I15)**2
CI5=SQRT(A5+B5)
U25=I15*ZT15
I25=U25/(R25+X25)
D5=REAL(I25)**2
E5=IMAG(I25)**2
FI5=SQRT(D5+E5)
PCU5=3*CI5**2*R15+3*FI5**2*R25
PIM=3*FI5**2*R255*(1-S5)/S5
PM=PIM
SN5=((SS/5)*(1-S1))
OM5=PM*60/(2*PI*SN5)
ENDIF

            IF (IJ.EQ.3) THEN
X27=XK*7*X21
R277=R211*RK
U7=U1/7
R17=R11
X17=7*X11
S7=1-((1-s1)/7)
R27=R277/S7
XM7=7*XM1
ZT17=CMPLX(XM7*(R27+X27))/(XM7+R27+X27)
ZT27=CMPLX(R17+X17+ZT17)
I17=CMPLX(U7/ZT27)
A7=REAL(I17)**2
B7=IMAG(I17)**2
CI7=SQRT(A7+B7)
U27=CMPLX(I17*ZT17)
I27=CMPLX(U27/(R27+X27))
D7=REAL(I27)**2
E7=IMAG(I27)**2
FI7=SQRT(D7+E7)
PCU7=3*CI7**2*R17+3*FI7**2*R27
PIM=3*FI7**2*R277*(1-S7)/S7
PM=PIM
SN7=((SS/7)*(1-S1))
OM7=PM*60/(2*PI*SN7)
ENDIF
```

```
PHT=PCU5+PCU7
PCUT=PCU1+PCU5+PCU7
OMT=OM1+OM5+OM7
PMM=PGI-PCUT-PSTD
FIT=FI+FI5+FI7
VEE=PMM/PGI
IF (IJ.EQ.1) THEN

WRITE(6,*)"ÇIFT  KARE OLUK  h=35 mm 1.HARMONİK"
WRITE(6,*)"X21=", X21
 WRITE(6,*)"R21=", R21
 WRITE(6,*)"I21=", I21
 WRITE(6,*)"I11=", I11
 WRITE(6,*)"CIH=", CIH
 WRITE(6,*)"GFB=", GFB
 WRITE(6,*)"PCU1=",PCU1
 WRITE(6,*)"PM =", PM
 WRITE(6,*)"OM1=",  OM1
 WRITE(6,*)"F=",  F
 WRITE(6,*)"PGI=", PGI
 WRITE(6,*)"H3        =",  H3
 ENDIF

           IF (IJ.EQ.2) THEN
 WRITE(6,*)"5.  Harmonik  Değerleri"
 WRITE(6,*)"X25=", X25
 WRITE(6,*)"R25=", R25
 WRITE(6,*)"I25=", I25
 WRITE(6,*)"I15=", I15
 WRITE(6,*)"PCU5=", PCU5
 WRITE(6,*)"PIM=", PIM
 WRITE(6,*)"OM5=",  OM5
 WRITE(6,*)"F=",       F
  WRITE(6,*)"CI5=",  CI5
  ENDIF

           IF (IJ.EQ.3) THEN
 WRITE(6,*) "7. Harmonik  Değerleri"
 WRITE(6,*)"X27=", X27
 WRITE(6,*)"R27=", R27
 WRITE(6,*)"I27=", I27
 WRITE(6,*)"I17=", I17
 WRITE(6,*)"PCU7=", PCU7
 WRITE(6,*)"PCUT=", PCUT
 WRITE(6,*)"OM7=",  OM7
 WRITE(6,*)"OMT=",  OMT
 WRITE(6,*)"FI7=",  FI7
 WRITE(6,*)"F=",  F
 WRITE(6,*)"CI7=",    CI7
```

```
WRITE(6,*)"VEE     =", VEE

        ENDIF
        ENDDO
END
```

KA

YNAKLARR

[1] KRON G., Induction Motor Slot Combinations, A.I.E.E. Newyork, June 1931.

[2] BODUROĞLU,T., "Elektrik Makinaları Dersleri, CII,Kısım 1, Döner Alternatif Akım Makinalarına Giriş", Beta ,İstanbul,1988.

[3] ALGER, P.L., " The nature of Polyphase Induction Machines", Wiley,Newyork, 1951.

[4] BODUROĞLU,T., "Elektrik Makinaları Dersleri, CII,Kısım 2, Döner Asenkron Makinalar", Beta ,İstanbul, 1981.

[5] MERGEN A.F.,"Elektrik Makinalarında harmonikler", İ.T.Ü Elektrik Müh. Böl. Ders Notları 1997.

[6] BOLDEA, ı., "Deep Bar Effect for Any Shape", Hand Written Notes, Speed Lab., 1995.

[7] AKBABA,M., FAKHRO, SQ., "New Model for Single- Unit reprisentation of Induction Motor Loads,Including Skin Effect, for Power System Transient Stability Studies, IEE Proceedings B(Electric Power Application) Volume 139, Issue 6, November 1992.

[8] VEINOTT,C.G., "Theory and Design of Small Induction Motors", Sarasota, USA,1986.

[9] ANDERSON, O.W., " Optimized Design of Electrical Machines" Chalmers Institute of Technology, Goteburg, Swedeen, November, 1969.

[10] KOSTENKO M.,PIOTROVSKY L., "Electrical Machines Vol:2, Alternating Curent mavhines", Mir Publishers, Moscow ,1974.

[11] SAY, M.G., "Design and Performance of Alternating Current Machines", Pitman, 1952.

[12] MERGEN A.F.,"A Method of Calculation on Optimization and Elimination of PMW Voltage Waveform Harmonics exists in an Induction Motor Drive",Vol.42,Number 4, Bulletin of ITU,1989.

[13] DEGNER,W.M., LORENZ, R.D., "Position Estimation in Induction Machines Utilizing Rotor Bar Slot Harmonics and Carrier-Frequency Signal Injection", IEEE Transection on Industry Application,Vol.36,Number 3, May/June 2000.

[14] BONNET, A.H., "Rotor failers in Squirrel cage Induction Motos", IEEE ransaction on Industry Applications, Volume IA-22, Number 6, November/december 1986.

[15] KRON G., "Equivalent circuits of Electric Machines", Chapman&Hall London,1951.

[16] SCHISKY,W.,ÇETİN,İ.,"Asenkron Maororlar" Cilt I,İstanbul,1990.

[17] Guldemir H., "Parametre Değişimlerinin Alan Yönlendirmeli Denetimdeki Akı Tahmin Modelleri Üzerine Etkisi", Eleco 2000, Elektrik-Elektronik ve Bilgisayar Mühendisliği Sempozyumu, 2000.

[18] FITZGERALD A.E. KINGSLEYC., DUMANS S.D.,"Electric Machinery", 5 th edition, Mc GrawHill Company,1992.

[19] BODUROĞLU,T., "Elektrik Makinaları Dersleri, CII,Kısım 3,Asenkron Makinaları Hesap ve

Konstriksiyonu", TÜ Matbaası, İstanbul,1984.

[20] NETO, L.M., CAMACHO,J.R.,ALVARENGA, B.P.,,"ANALYSİS OF A Three phase Induction Machine Including Time and Space Harmonic Effect", IEEE Transaction on Energy Conversion,Vol.14,Number 1, March,1999.

[21] KLINGSHIRN,E.A., "Simulation of Polyphase Induction Machines with Deep Rotor bars",IEEE Transaction on Power Appratures and System,Vol.PAS-89,Number 6, July/Agust 1970.

[22] LINGAN, L.,"Determination of Starting Current in Three Phase Induction Motors", IEEE Transaction on Energy Conversion,Vol.5,Number 2, June,1990.

[23] LEVY,W.,LANDY,C.F., MCCULLOCH,M.D.,,"Improved Models for the Simulation of Deep Bar Induction Motors", IEEE Transaction on Energy Conversion,Vol.5,Number 2 , June,1990.

[24] DREESE,E.E., "Synchronous Motor Effects in Induction Machines",Transaction,AIEE,July,1930.

[25] KREYSZING,E.,"Advanced Engineering Mathematics",Wiley,Newyork,1967.

[26] BARRETT,L.C., WILLIE,C.R., "Advanced Engieeering Mathemat,cs",5th Edition, McGraw Hill Comp.,1985.

[27] MURRAY ,R.S., Çeviren SÜRAY,S.," İleri Analiz Sanem Serisi", Ankara, 1978.

[28] ALGER P.L., Induction machine (Gordon and Breach, New York. 1970.

[29] ADLINS, B., HARLEY R., "The general Theory of Alternating Current", Chapman&Hall, London,1974.

[30] WILLAMS,S., BEAG, M.C., "calculationof the Rotor Bar Resistanceand Leakage Reactance of Cage Rotors with Closed Slots",IEE, Proceeding, Vol.132,pt B,Number 3,May 1985.

[31] WEBER,C.A.,LEE, F.W.,"Harmonics Due to Slot Openings", AIEE,Birmingham, April 7-11,1924.

[32] HILDEBRAND, L.E.," Quiet Induction Motors", Winter Convention of the AIEE,Newyork, Jan. 27-31, 1924.

[33] KONRAD,A., "The Numerical Solution of the Steady State Skin Effect Problem", IEEE Transaction onMagnetics,Vol.17,Number 1 , Jan.,1981.

[34] VICKERS,H.,"Induction Motors",Pitman, Londan, 1953.

[35] ELDEMY,S.A.," Analysis of Space Harmonics in Squirrel Cage Induction Machines-Torque Analysis", Elec. Mach. And Power Sys. 14, 397-412,1988.

[36] WOLFRAM,S., "Mathematica a System for Doing Mathematics by Computer", 1991.

[37] Orsted Simulation Book,2.4,1996.

[38] SALON,S., BUROW, D.,BORTALI, M.,SLAVIK C.,"Effects of Slot Closure and Magnetic Saturationon Induction Machine Behaviour", November 1,1993.

[39] LANGSDROF,A.S., "Theory of Alternating Current Machines" McGraw Hill Company,1955.

[40] KHULMAN, J.H.," Design of Electrical Apparutes",5th Edition,October 1954.

[41] CHAN,C.C., YAN,L.,WANG,Z., "Analysis of Electromagnetic and Thermal fields for Induction Motors During Starting", IEEE Transaction on Energy Conversion,Vol.9,Number 1, JMarch, 1994.

[42] VERMA,S.P., BALAN,A.,"Determination of Radial Forces in Relationto Noise and Vibration problems of Squirrel Cage Induction Motors", IEEE Transaction on Energy Conversion,Vol.9,Number 2, June,1994.

[43] VINSARD, G.,LAPORTE,B.,"An Analysis of the first Harmonic Method to Compute Induction Motors", IEEE Transaction on Magnetics,Vol.31,Number 3 ,May.,1995.

[44] KOBAYASHI,T.,TAJIMA, F., ITO, M.,"Effects of Slot Combination on Acustic Noise from Induction Motors", IEEE Transaction on Magnetics,Vol.33,Number 2 ,March.,1997.

[45] MADESCU,G., BOLDEA,I., MILLER T.J.E.,"The Optimal Lamination Approach to Induction Machine Design Global Optimization", IEEE Transaction onIndustry Application,Vol.34,Number 3 ,May/June.,1998.

[46] WILLIAMSON S.,BEGG M.C., Calculation of the bar resistance and leakage reactance of cage rotors with closed slots ,IEEE Procedings, Vol.132 Pt.B.No.3.,MAY 1985.

[47] POLOUJADOFF,M.,MIPO,J.C., NURDIN,M.,"Some Economical Comprations between Aluminium and Copper Squirrel Cage", IEEE Transaction on Energy Conversion,Vol.10,Number 3 , Sep.,1995.

[48] LIN,D., BATAN,T.,FUCHS,E.F.,,"Harmonic Losses of Single Phase Induction Motor Under Nonsinizoidal Voltages", IEEE Transaction on Energy Conversion,Vol.11,Number 2 , June.,1996.

[49] HUGET,E.W., "Squirrel Cage Induction Motors Performance Versus Efficiency" IEEE Transaction on Industry Application ,Vol.19,Number 5 , September/October.,1983.

[50] WILLIAMSON,S., BEGG,M.C.,"Calculation of the Resistance of Induction motor End Rings",IEE Proceedings Vol.133.Pt.B,Number 2, March 1986.

[51] MERGEN A.F.,"Minimization of inverter fed İnduction Motor Losses by optimization of PWM Voltage Waveform", PhD, Thesis Loughbrough Uni of Technology/UK,1977.

[52] GULDEMIR,H.,BRADLEY,K.J.,"Estimation of Rotor Slot harmonic Amplitudes and Frquencies in the Line Current of Induction Machine",ICEM,Vol.1/3,Istanbul,1998.

[53] SERTELLER,N.F., MERGEN,A.F.,"Sincap kafesli İndüksiyon Makinalarında Değişik Rotor Oluk Dizaynının Oluk Harmonikleri Üzerine Etkisi",Eleco2000,Elektrik,Elektronik-Bilgisayar Sempozyumu, Bursa,2000.

ÖZGEÇMİŞ

Ankara'da doğdu. İlk , orta ve lise öğrenimini Konya'da tamamladı. 1988 yılında İTÜ, Elek. Müh. olarak mezun oldu. 1988 – 1989 yılları arasında dil eğitimi için, 1989-1991 yılları arasında YÖK – Dünya Bankası projesi kapsamında İngiltere'de bulundu. 1996 yılında TÜ Nükleer Enerji Enstitüsünden"Transformatörlerde Sonlu Eleman Metoduyla Isı dağılımının Bulunması" adlı tezini tamamlıyarak, Elek. Yük. Müh. olarak mezun oldu. 1996 yılında M.Ü. Tek. Eğt. Fak. Elek. Böl. doktora sınavını kazandı. 1992-1994 yılları arasında Balıkesir Üniversitesinde Öğr. Gör. olarak çalıştı. 1994 yılında M.Ü Tek. Eğt. Fak. Araş. Gör. olarak atandı, aralık 2000 yılında "Kafesli Asenkron Makinalarda Zaman harmonik Etkilerinin Rotor Oluk Tasarımı ile Azaltılmasına Katkılar" adlı doktora tezini bitirerek doktor ünvanını aldı. 2010 yılında aynı fakülte de Doçent oldu, Teknoloji Fakültesi Elektrik-Elektronik Müh. Bölümünde çalışmalarını sürdürmektedir.

Printed by Books on Demand GmbH, Norderstedt / Germany